高职高专"十二五"规划教材

化学实验技能

第二版

刘金权 张立虎 主编 顾 准 蒋云霞 副主编 严拯宇 主审

U0254150

化学工业出版社

·北京·

化学实验技能是由无机化学、有机化学、分析化学等课程有机整合而成的理实一体化课程，是一门重要的专业基础课，适用于药学类、化学化工类等专业的实验教学。本书以培养学生职业素质为主线，以规范的操作技术训练为核心，进行实验基本操作教学，具有很强的实践性、应用性和可操作性。

全书共分四个模块，分别是化学实验技能基础知识、化学实验基本操作、混合物分离技术、样品含量测定技术，各模块的内容有序衔接、逐步递进，模块下设置实验项目，各院校可根据实际情况自由选择。书后附有课程教学建议，主要包括课程设计思路和内容安排等，可供参考。本次修订还专门围绕全国化工类技能大赛，增加考核内容及考核标准，补充了相关练习题。

本书可作为高职高专院校药学、化工、化学及相关专业的教材，也可作为相关企业培训的实验参考书。

图书在版编目（CIP）数据

化学实验技能/刘金权，张立虎主编. —2 版. —北京：化学工业出版社，2013.7（2024.9重印）
高职高专"十二五"规划教材
ISBN 978-7-122-17827-5

Ⅰ.①化…　Ⅱ.①刘…②张…　Ⅲ.①化学实验-高等职业教育-教材　Ⅳ.①O6-3

中国版本图书馆 CIP 数据核字（2013）第 146064 号

责任编辑：窦　臻　提　岩　　　　　　　装帧设计：张　辉
责任校对：吴　静

出版发行：化学工业出版社（北京市东城区青年湖南街13号　邮政编码100011）
印　　装：北京七彩京通数码快印有限公司
787mm×1092mm　1/16　印张8¼　字数197千字　2024 年 9 月北京第 2 版第 8 次印刷

购书咨询：010-6 518888　　　　　　售后服务：010-64518899
网　　址：http://www.cip.com.cn
凡购买本书，如有缺损质量问题，本社销售中心负责调换。

定　　价：19.00元　　　　　　　　　　　　　　　　版权所有　违者必究

编写人员名单

主　　编　刘金权　张立虎

副主编　顾　准　蒋云霞

编写人员　（按姓名笔画排列）

卞庆亚（盐城卫生职业技术学院）

巩克民（盐城卫生职业技术学院）

刘金权（盐城卫生职业技术学院）

张立虎（盐城卫生职业技术学院）

袁荣高（连云港中医药联合职业技术学院）

顾　准（健雄职业技术学院）

顾明冬（盐城卫生职业技术学院）

蒋云霞（南通农业职业技术学院）

主　　审　严拯宇（中国药科大学）

FOREWORD

　　化学实验技能是药学类、化学化工类及相关专业必修的一门重要专业基础课，它是将无机化学、有机化学、分析化学等课程的实训部分有机结合而成的理实一体化新兴课程。本书的编写以培养学生应用能力和职业素质为主线，以规范的操作技术训练为核心，进行实验基本操作介绍，具有很强的实践性、应用性和可操作性。

　　本书坚持"贴近教学、贴近后续课程"的基本原则，同时针对高职高专学生的认知水平和心理特征，语言方面既注意了严密性、逻辑性，又通俗易懂、深入浅出，以激活学生思维，提高学习兴趣。通过本书的学习，学生可以巩固、深化化学基础理论知识，正确、熟练掌握化学实验的基本操作和基本技能，培养理论联系实际、实事求是的科学态度和良好的职业道德与工作作风，为后续专业课的学习和将来从事实际工作奠定扎实的基础。

　　基础化学课各院校根据自己情况可安排大课，但实验就不好安排，教学秩序易混乱。"化学实验技能"作为一门课程，便于教学安排。该教材第一版出版后，得到有关学校老师广泛肯定，受到学生一致好评，当然也提出了宝贵的修改意见。编者在广泛论证基础上，对教材进行了修订，修订后教材具有以下特点：

　　一、以模块设置教学内容，共分四个模块，分别是化学实验技能基础知识、化学实验基本操作、混合物分离技术、样品含量测定技术。各模块内容有序衔接、逐步递进，模块下设置十五个项目，十七个实训内容。各院校可根据实际情况自由选择。此外，书后还附有课程教学建议，主要包括课程设计思路和内容安排等，可供参考。

　　二、每个实训项目尽量做到理实一体化，使得学生知道原理、掌握步骤、规范操作。

　　三、围绕全国化学类技能大赛，增加考核部分及考核标准，还补充了相关练习题，使得学生进一步巩固基础知识。

　　本书由盐城卫生职业技术学院、健雄职业技术学院、南通农业职业技术学院等联合编写。在编写过程中得到有关学院老师的大力支持和帮助，在此表示衷心的感谢。

　　由于时间仓促，编者水平有限，书中不妥之处在所难免，恳请广大读者提出宝贵意见，以便完善。

编　者

2013 年 5 月

CONTENTS

参考文献 ⚬————————————— **123**

模块一
化学实验技能基础知识

第一节　化学实验的基本要求

为了保证实验的顺利进行和获得准确的分析结果，实训人员必须了解和掌握有关化学实验的基本要求和基础知识。

一、化学实验室工作要求

实训人员应该具有严肃认真的工作态度，科学严谨、精密细致、实事求是的工作作风，整齐、清洁的良好实验习惯。

1. 实验前要做好充分的准备

一次成功的实验始于实验前的充分准备。实验前的准备工作包括：

（1）认真钻研实验教材和教科书中的有关内容；

（2）明确实验目的，弄懂实验原理；

（3）熟悉实验内容、步骤、基本操作、仪器使用和实验注意事项；

（4）教师认真准备实训思考题；

（5）写出预习报告（包括实验目的、实验原理、步骤、实验注意事项及有关的安全问题等）。

2. 养成良好的实验习惯及严谨细致的科学作风

实验的成败和工作效率的高低，与实验者的科学习惯和操作技术水平紧密相关。因此，在实验中应做到以下几点。

（1）清洁整齐、有条不紊。所用的仪器、药品放置要合理、有序；实验台面要清洁、整齐。实验告一段落后要及时整理。实验完毕后所用的仪器、药品、用具等都要放回原处。

（2）正确操作、细致观察、深入思考。实验中一定要遵守操作规程，认真细致地观察实验现象，遇到问题要深入思考，及时找出原因并采取有效措施解决问题。

（3）尊重客观事实、认真做好实验记录。实验记录应记在专用的记录本上，记录时要如实反映实验中的客观事实，数据记录应注意及时、真实、齐全、清楚、整洁和规范化，应该用钢笔或圆珠笔记录。如有记错，应在错的数据上画一条水平线，并将正确的数据写在上边，不得涂改、刀刮或补贴。

（4）文明操作，加强环保意识。实验前后都应洗手，保持清洁。否则可能沾污仪器、试剂和样品，从而引起实验误差。也可能将有毒物质带出，甚至误入口中而引起中毒。实验过程中废液要集中处理。

3. 做好实验结束工作

实验结束后应清洗仪器，整理药品，将仪器、药品放回指定的位置。实验台要擦拭干净，清扫实验室。认真检查水、电、煤气开关，关好门窗。及时认真地完成实验报告。

二、实验数据的记录和实验报告

在化学实验中，为了得到准确的测量结果，不仅要准确地测量各种数据，而且还要正确地记录和计算。试样中待测组分实验结果不仅要计算精密度，而且还反映测定结果的准确程度。因此，及时地记录实验数据和实验现象，正确认真地写出实验报告，是化学实验中很重要的一项任务，也是化学工作者应具备的基本能力。

1. 实验数据的记录

（1）使用专门的实验记录本，其篇页都应编号，不得撕去任何一页。严禁将数据记录在小纸片上或随意记录在其他地方。

（2）实验数据的记录必须做到及时、准确、清楚。坚持实事求是的科学态度，严禁随意拼凑和伪造数据。

（3）实验记录上的每一个数据都是测量的结果，应检查记录的数据与测定结果是否完全相同。

（4）记录数据时，一切数据的准确度都应做到与分析的准确度相适应（即注意有效数字的位数）。

（5）记录内容力求简明，如能用列表法记录的则尽可能采用列表法记录。

（6）当数据记录有误时，应将数据用一横线画去，并在其上方写上正确的数据。

2. 实验报告

实验报告是每次实验的记录、概括和总结，也是对实验者综合能力的考核，每个学生在做完实验后都必须及时、独立、认真地完成实验报告，交给指导教师批阅。一份合格的报告应包括以下内容。

（1）实验名称：通常作为实验题目出现。

（2）实验目的：简述该实验所要达到的目的要求。

（3）实验原理：简要介绍实验的基本原理和主要反应方程式。

（4）实验所用的仪器、药品及装置：要写明所用仪器的型号、数量、规格，药品的名称、规格，画出装置示意图。

（5）实验内容、步骤：要求简明扼要，多用表格、框图、符号表示，不要全盘抄书。

（6）实验现象和数据的记录：在仔细观察的基础上如实记录，依据所用仪器的精密度，保留正确的有效数字。

（7）解释、结论和数据处理：化学现象的解释最好用化学反应方程式，如还不完整应另加文字简要叙述。结论要精炼、完整、正确，数据处理要有依据，计算要正确。

（8）对实验中遇到的疑难问题提出自己的见解。分析产生误差的原因，对实验方法、教学方法、实验内容、实验装置等提出意见或建议。

实验报告要做到文字工整、图表清晰、形式规范。

第二节　化学实验的基础知识

一、化学试剂

化学试剂是指符合一定质量标准的纯度较高的化学物质。它是用于教学、科研和生产检验的重要物质。化学试剂是化学实验工作的物质基础，能否正确选择、使用化学试剂，将直接影响到实验的成败、准确度的高低及实验成本。因此，必须充分了解化学试剂的类别、性质、选择、应用与保管等方面的知识。

（一）化学试剂的分类

化学试剂多达数千种，但世界各国的化学试剂分类和分级标准尚未一致。国际标准化组织（ISO）已制定了多种化学试剂的国际标准，国际纯粹与应用化学联合会（IUPAC）对化学标准物质的分级也有了规定。我国化学试剂产品目前有国家标准（GB）、企业标准（QB），近年来部分化学试剂的国家标准不同程度地采用了国际标准和国外某些先进标准。在各类各级标准中，均明确规定了化学试剂的质量指标。

化学试剂的应用范围极广，随着科学技术的进步与生产的发展，新型化学试剂还将不断推出。虽然现在化学试剂还没有统一的分类方法，但根据质量标准及用途的不同，可将其大体分为标准试剂、普通试剂、高纯试剂和专用试剂四大类。

1. 标准试剂

标准试剂是用于衡量其他物质化学量的标准物质，通常由大型试剂厂生产，并严格按国家标准规定的方法进行检验，其特点是主体成分含量高而且准确可靠。国产主要标准试剂见表 1-1。

表 1-1　国产主要标准试剂

类　　别	主　要　用　途
滴定分析第一基准试剂（C 级）	工作基准试剂的定值
滴定分析工作基准试剂（D 级）	滴定分析标准滴定溶液的定值
杂质分析标准溶液	仪器及化学分析中作为微量杂质分析的标准
滴定分析标准滴定溶液	滴定分析法测定物质的含量
一级 pH 基准试剂	pH 基准试剂的定值和高精密度 pH 计的标准
pH 基准试剂	pH 计的校准（定位）
热值分析试剂	热值分析仪的标定
色谱分析标准溶液	气相色谱法进行定性和定量分析的标准
临床分析标准滴定溶液	临床化验
农药分析标准溶液	农药分析
有机元素分析标准溶液	有机元素分析

滴定分析用的标准试剂在我国习惯称为基准试剂，它分为 C 级（第一基准）与 D 级（工作基准）两个级别。我国迄今共计有 6 种 C 级和 14 种 D 级基准试剂，主体成分的质量分数前者为 99.98%～100.02%，后者为 99.95%～100.05%。D 级基准试剂是滴定分析中的计量标准物质，基准试剂规定采用浅绿色瓶签。D 级基准试剂见表 1-2。

表 1-2　D 级基准试剂

名　称	国家标准代号	使用前的干燥方法	主要用途
无水碳酸钠	GB 1255—2007	270～300℃灼烧至恒重	标定 HCl,H_2SO_4 溶液
邻苯二甲酸氢钾	GB 1257—2007	105～110℃干燥至恒重	标定 NaOH,$HClO_4$ 溶液
氧化锌	GB 1260—2008	800℃灼烧至恒重	标定 EDTA 溶液
碳酸钙	GB 12596—2008	110℃±2℃干燥至恒重	标定 EDTA 溶液
乙二胺四乙酸二钠	GB 12593—2007	硝酸镁饱和溶液恒湿器中放置 7d	标定金属离子溶液
氯化钠	GB 1253—2007	500～600℃灼烧至恒重	标定 $AgNO_3$ 溶液
硝酸银	GB 12595—2008	硫酸干燥剂干燥至恒重	标定卤化物及硫氰酸盐溶液
草酸钠	GB 1254—2007	105～110℃干燥至恒重	标定 $KMnO_4$ 溶液
三氧化二砷	GB 1256—2008	硫酸干燥剂干燥至恒重	标定 I_2 溶液
碘酸钾	GB 1258—2008	180℃±2℃干燥至恒重	标定 $Na_2S_2O_3$ 溶液
重铬酸钾	GB 1259—2007	120℃±2℃干燥至恒重	标定 $Na_2S_2O_3$,$FeSO_4$ 溶液
溴酸钾	GB 12594—2008	180℃±2℃干燥至恒重	标定 $Na_2S_2O_3$ 溶液
无水对氨基苯磺酸	GB 1261—1977	120℃±2℃干燥至恒重	标定 $NaNO_2$ 溶液
苯甲酸	GB 12597—2008	P_2O_5 干燥器减压干燥至恒重	标定甲醇钠溶液

2. 普通试剂

普通试剂是实验室广泛使用的通用试剂,国家和主管部门颁布质量指标的主要是三个级别,其规格和适用范围见表 1-3。

表 1-3　普通试剂

试剂级别	名　称	英文名称	符号	标签颜色
一级品	优级纯	guaranteed reagent	G. R.	深绿
二级品	分析纯	analytical reagent	A. R.	金光红
三级品	化学纯	chemical pure	C. P.	中蓝

生化试剂、指示剂也属于普通试剂。

3. 高纯试剂

高纯试剂主体成分含量通常与优级纯试剂相当,但杂质含量很低,而且规定的杂质检测项目比优级纯或基准试剂多 1～2 倍,通常杂质含量控制在 10^{-9}～10^{-6} 级的范围内。高纯试剂主要用于微量分析中试样的分解及试液的制备。

高纯试剂多属于通用试剂(如盐酸、高氯酸、氨水、碳酸钠、硼酸等),目前只有 8 种高纯试剂颁布了国家标准。其他一些产品一般执行企业标准,称谓也不统一,在产品的标签上常常标为"特优"、"超优"或"特纯"、"超纯"试剂,选用时应注意标示的杂质含量是否合乎实验要求。

4. 专用试剂

专用试剂是一类具有专门用途的试剂。该试剂主体成分含量高,杂质含量很低,它与高纯试剂的区别是在特定的用途中干扰杂质成分只需控制在不致产生明显干扰的限度以下。

专用试剂种类颇多,如紫外及红外光谱纯试剂、色谱分析标准试剂、薄层分析试剂等。

(二)化学试剂的选用

化学试剂的主体成分含量越高,杂质含量越少,即级别越高,由于其生产或提纯过程越复杂而价格越高,如基准试剂和高纯试剂的价格要比普通试剂高数倍乃至数十倍。在进行实验时,应根据实验的性质、实验方法的灵敏度与选择性、待测组分的含量及对实验结果准确度的要求等,选择合适的化学试剂,既不超级别造成浪费,又不随意降低级别而影响实验结果。

选用化学试剂应注意以下几点。

（1）一般无机化学教学实验使用化学纯试剂，提纯实验、配制洗涤液也可使用该级试剂。

（2）一般滴定分析常用标准滴定溶液，应采用分析纯试剂配制，再用 D 级基准试剂标定；而对分析结果要求不高的实验，则可用优级纯甚至分析纯试剂代替基准级试剂；滴定分析所用其他试剂一般为分析纯试剂。

（3）仪器分析实验中一般使用优级纯或专用试剂，测定微量或超微量成分时应选用高纯试剂。

（4）从很多试剂的主体成分含量看，优级纯与分析纯相同或很接近，只是杂质含量不同。如果所做实验对试剂杂质要求高，应选择优级纯试剂；如果只对主体含量要求高，则应选用分析纯试剂。

（5）如现有试剂的纯度不能满足某种实验的要求，或对试剂的质量有怀疑时，应将试剂进行一次或多次提纯后再使用。

（6）化学试剂的级别必须与相应的纯化水以及容器配伍。比如，在精密分析实验中常使用优级纯试剂，就需要以二次蒸馏水或去离子水及硬质硼硅玻璃器皿或聚乙烯器皿与之配伍，只有这样才能发挥化学试剂的纯度作用，达到要求的实验精度。

（7）由于进口化学试剂的规格、标志与我国化学试剂现行等级标准不甚相同，使用时应参照有关化学手册加以区分。

（三）化学试剂的使用和保管

化学试剂使用不当或保管不善，极易发生变质或被污染，将会影响分析结果的准确度，甚至造成实验的失败。因此，必须按要求使用和保管化学试剂。

（1）使用试剂前要认清标签，取用时不可将瓶盖随意乱放，应将瓶盖反放在干净的地方，取用后应立即盖好，以防试剂被其他物质沾污。

（2）固体试剂应用洁净干燥的牛角勺取用，液体试剂应用干净的量筒或烧杯倒取，倒取时标签朝上，多余的试剂不准放回原试剂瓶中，以防污染试剂。

（3）易氧化的试剂（如氯化亚锡、亚铁盐等）、易风化或潮解的试剂（如硼砂、NaOH 等），使用后应重新用石蜡密封瓶口；易受光分解的试剂（如 $KMnO_4$、$AgNO_3$ 等），应保存在暗处；易受热分解的试剂和易挥发的试剂应保存在阴凉处。

（4）受光、热、空气、水或撞击等外界因素的影响，可能引起燃烧、爆炸的试剂（如金属钠、乙醇等），或具有强腐蚀性的试剂（如浓 H_2SO_4 等）、剧毒性的试剂（如 NaCN、As_2O_3、$HgCl_2$ 等）必须安全使用，妥善保管。

二、实验室用水

水是一种使用最广泛的化学试剂，是最廉价的溶剂和洗涤液。进行化学实验、洗涤仪器、配制溶液、溶解试样、冷却降温均需用水。自来水中常含有 Ca^{2+}、Mg^{2+}、Na^+、Fe^{3+}、Al^{3+}、Cl^-、SO_4^{2-}、HCO_3^- 等杂质，对化学反应会造成不同程度的干扰，只在仪器的初步洗涤或冷却时使用。自来水经纯化处理后所取得的纯水即化学实验室用水，方可作为清洗仪器用水、溶剂用水、分析用水及无机制备的后期用水等。

我国已制定了实验室用水的国家标准 GB/T 6682—2008《分析实验室用水规格和试验方法》，其中规定了实验室用水的技术指标、制备方法及检验方法。这一基础标准的制定，对规范我国化学实验室用水，提高化学实验的可靠性、准确性有着重要的作用。进行化学实验时，应根据具体任务和要求的不同，选用不同规格的实验室用水。

一般水的纯度可用电阻率（或电导率）的大小来衡量，电阻率越高（或电导率越低），说明水越纯净。蒸馏水在室温时的电阻率可达到约 $10^5\,\Omega\cdot cm$，而自来水一般约为 $3\times10^3\,\Omega\cdot cm$。在某些实验（如精密分析化学实验等）中，往往要求使用更高纯度的水，这时可在蒸馏水中加入少量高锰酸钾和氢氧化钡，再次进行蒸馏，以除去水中极微量的有机杂质、无机杂质以及挥发性的酸性氧化物（如 CO_2），这种水称为重蒸水，电阻率可达约 $10^6\,\Omega\cdot cm$。保存重蒸水应用塑料容器而不能用玻璃容器，以免玻璃中所含钠盐及其他杂质会慢慢溶于水，而使水的纯度降低。

必须指出，以生产中的水汽冷凝制得的"蒸馏水"，因含杂质较多，是不能直接用于分析化学实验的。

（一）实验室用水的制备

制备实验室用水的原料水，通常采用自来水。根据制备方法不同，一般将实验用水分为蒸馏水、离子交换水和电渗析水。由于制备方法不同，纯水的质量也有差异。

1. 蒸馏水的制备

蒸馏法制备纯水是根据水与杂质的沸点不同，将自来水（或其他天然水）用蒸馏器蒸馏而得的。用这种方法制备纯水操作简单，成本低廉，不挥发的离子型和非离子型杂质均可除去，但不能除去易溶于水的气体。蒸馏一次所得蒸馏水仍含有微量杂质，只能用于一般化学实验，对洗涤洁净度高的仪器和进行精确的定量分析工作，则必须采用多次蒸馏而得到的二次、三次甚至更多次的高纯蒸馏水。由于耗能大、产量低现在已逐步被淘汰。

2. 离子交换水的制备

蒸馏法制备纯水产量低，一般纯度也不够高，因此化学实验室广泛采用离子交换树脂来分离出水中的杂质离子，这种方法称为离子交换法。因为溶于水的杂质离子已被除去，所以制得的纯水又称为去离子水，去离子水常温下的电阻率可达 $5\times10^6\,\Omega\cdot cm$ 以上。离子交换法制纯水具有出水纯度高、操作技术易掌握、产量大、成本低等优点，适于各种规模的化验室采用。该方法的缺点是设备较复杂，制备的水未除去非离子型杂质，含有微生物和某些微量有机物。

3. 电渗析水的制备

这是在离子交换技术基础上发展起来的一种方法。它是在外电场的作用下，利用阴阳离子交换膜对溶液中的离子的选择性透过而使杂质离子自水中分离出来从而制得纯水的方法。电渗析水纯度比蒸馏水低，未除去非离子型杂质，电阻率为 $10^3\sim10^4\,\Omega\cdot cm$。

（二）特殊纯化水的制备

在一些分析化学实验中，要求使用不含某种指定物质的特殊纯化水。常用的几种特殊纯化水的制备方法如下。

1. 无二氧化碳纯水

将普通纯水注入烧瓶中，煮沸 10min，立即用装有钠石灰管的胶塞塞紧瓶口，放置冷却后即得无二氧化碳纯水。

2. 无氧纯水

将普通纯水注入烧瓶中，煮沸 1h，立即用装有玻璃导管的胶塞塞紧瓶口，导管与盛有100g/L 焦性没食子酸溶液的洗瓶连接，放置冷却后即得无氧纯水。

3. 无氨纯水

将普通纯水以 3~5mL/min 的流速通过离子交换柱即得无氨纯水。交换柱直径 3cm、长 50cm，依次填入 2 份强碱性阴离子交换树脂和 1 份强酸性阳离子树脂。

（三）实验室用水的级别

国家标准规定的实验室用水分为三级。

1. 一级水

一级水可用二级水经过石英设备蒸馏或离子交换混合床处理后，再经 $0.2\mu m$ 微孔滤膜过滤来制取。一级水用于有严格要求的分析实验，包括对颗粒有要求的实验，如高效液相色谱分析用水。

2. 二级水

二级水可用多次蒸馏或离子交换等方法制取，其用于无机痕量分析等实验，如原子吸收光谱分析、电化学分析实验等。

3. 三级水

三级水可用蒸馏或离子交换等方法制取，它是最普遍使用的纯水，可用于一般无机及分析化学实验，还可用于制备二级水乃至一级水。

为保证纯化水的质量符合分析工作的要求，对于所制备的每一批纯化水，都必须进行质量检查。国家标准（GB/T 6682—2008）中只规定了实验室用水质量的一般技术指标，在实际工作中，有些实验对水有特殊要求，还要进行其他有关项目的检查。

（四）实验室用水的一般检验方法

实验用水的标准检验方法很严格，也很准确，但费时较多。对于一般化验用的纯水可用测定电导率法和化学方法检验。

离子交换法制得的纯水可以用电导率仪检测水的电导率，根据电导率确定何时需再生交换柱。取水样后要立即测定，注意避免空气中的二氧化碳溶于水中使水的电导率增大。也可以用化学方法检验，具体步骤如下。

1. 阳离子的检验

取水样 10mL 于试管中，加入 2~3 滴氨缓冲溶液（pH＝10）、2~3 滴铬黑 T 指示剂。如呈现蓝色，表明无金属阳离子（含有阳离子的水呈现紫红色）。

2. 氯离子的检验

取水样 10mL 于试管中，加入数滴硝酸银水溶液（1.7g 硝酸银溶于水中，加浓硝酸 4mL，用水稀释至 100mL），摇匀，在黑色背景下看溶液是否变白色浑浊，如无氯离子应为无色透明。

3. 指示剂法检验 pH 值

取水样 10mL，加甲基红 pH 指示剂 2 滴，应该不显红色。另取水样 10mL，加溴麝香草酚蓝 pH 指示剂 5 滴，不显蓝色即符合要求。

用于测定微量硅、磷等的纯水，应该先对水进行空白试验，才可应用于配制试剂。

三、常用玻璃仪器

（一）玻璃仪器的分类

玻璃仪器分为常见普通玻璃仪器和标准磨口玻璃仪器。

1. 普通玻璃仪器

普通玻璃仪器一般都是由钾玻璃制成，使用时要注意以下几点。

（1）使用玻璃仪器时要轻拿轻放。

（2）玻璃仪器不能直接加热，需隔热浴或石棉网（试管加热有时可例外）。

（3）厚玻璃器皿（如抽滤瓶）不耐热，不能用来加热；锥形瓶不能用于减压；广口容器（如烧杯）不能贮放有机溶剂；计量容器（如量筒）不能高温烘烤。

（4）使用玻璃仪器后要及时清洗、干燥（不急用的，一般以晾干为好）。

（5）具活塞的玻璃皿清洗后，在活塞与磨口之间应放纸片，以防粘住。

（6）不能用温度计做搅拌棒，温度计用后应缓慢冷却，冷却快了液柱容易断线。不能用冷水冲洗热温度计，以免炸裂。

2. 标准磨口仪器

标准磨口仪器有不同的编号，通常包括 10、14、19、24、29、34、40、50 等。这些编号是指磨口最大端直径的毫米数。相同编号的内外磨口可以紧密连接。磨口仪器也有用两个数字表示磨口大小的，如 14/30 表示该磨口仪器最大直径为 14mm，磨口长度为 30mm。有时两种玻璃仪器因磨口编号不同，无法直接连接，则可借助于不同编号的磨口接头使之连接。

使用标准磨口仪器时应注意下列事项。

（1）磨口处必须洁净，不得沾有固体物质，否则会使磨口对接时不紧密，甚至损坏磨口。

（2）用后应立即拆卸洗净。放置太久磨口的连接处会粘牢，难以拆开。

（3）一般使用时，磨口无需涂润滑剂，以免沾污反应物或产物；若反应物中有强碱，则应涂润滑剂，以免磨口连接处因碱腐蚀而粘牢，无法拆开。

（4）安装磨口仪器时，应注意整齐、正确，使磨口连接处不歪斜，否则仪器易破裂。

（5）洗涤磨口时，应避免用去污粉擦洗，以免破坏磨口。

化学实验中常见的玻璃仪器及使用注意事项详见附录7。

（二）玻璃器皿的洗涤及干燥

实验所用的玻璃器皿必须是清洁、干净的，有些实验还要求器皿是干燥的。洗涤器皿的方法很多，要根据实验要求、污物性质和沾污的程度来选择适宜的方法。一般来说，附在器皿上的污物大都是可溶性物质，或尘土和其他不溶性物质，或有机物质如油污等。

1. 常用的洗涤方法

（1）冲洗法。对于可溶性污物可直接用水"少量多次"地振荡洗涤。

（2）刷洗法。内壁附有不易冲洗掉但用毛刷可以触及的污物，可选用形态、大小适当的毛刷沾少量洗衣粉轻轻刷洗。

（3）药剂洗涤法。选用适当的药剂洗涤时也有淌洗、泡洗、加热处理等各种方式，关键应针对性地采用，强酸或强碱对毛刷有腐蚀性，在使用这些溶液洗涤器皿时，切勿插入毛刷。

洗涤过程的一般顺序是，先用自来水淌洗，再用毛刷或适当洗涤剂洗涤，而后用自来水分次冲洗干净，最后用蒸馏水或去离子水淋洗两次。

2. 常用的洗涤剂

（1）铬酸洗涤剂。称取 10g 工业纯 $K_2Cr_2O_7$，置于 400mL 烧杯中，加少量水溶解后，缓缓加入 200mL 工业 H_2SO_4，边加边搅拌，配制好的溶液应呈深红色，待溶液冷却后，转入玻璃瓶中密塞备用。因本液腐蚀性很强并有毒性，使用时应注意安全，避免伤及人或衣物。铬酸洗涤剂能反复多次使用，直至溶液变为深绿色或逐渐稀释失效为止。

（2）合成洗涤剂或洗衣粉。洗衣粉属阴离子表面活性剂，其中主要成分是十二烷基苯磺酸钠，常配制成 0.1%～0.5% 的溶液，也可反复多次使用，浓度变小再添加适量固体粉末。此物质适合洗涤被油脂或某些有机物沾污的玻璃容器，安全、价廉。

（3）其他。还有多种配方的洗涤剂，如碱性乙醇洗液、磷酸钠洗液等，可根据特殊需要而挑选使用。例如银量法滴定后，锥形瓶内壁附着一层氯化银膜，用少量氨水或 $Na_2S_2O_3$ 液就能使其消失，因生成配位离子而迅速溶解。

3. 洗涤要求和检验方法

具体的使用情况对器皿洗净度有不同要求，如分析化学实验中所使用的滴定管、移液管和容量瓶，其内壁应洗至能被水均匀地润湿而无水淌下的条纹，且不挂水珠。

器皿洗净程度的检查方法是加入少量水于其中并振荡一下，必要时用干净的纱布将其外壁上的附水擦去，静置片刻，如果观察内壁透明并不挂水珠，说明已达到洗净的要求标准。不要再用布或纸片擦拭已洗净的玻璃器皿内壁。否则，至少有些纤维将会留在器壁上，还可能带进其他不洁物质，重新造成污染。

4. 器皿的干燥

（1）晾干法。利用器皿上残存水分的自然挥发而使仪器干燥，通常是将洗净后的仪器倒置在干净的仪器架、仪器柜或搪瓷盘中。必要时可用透明的塑料薄膜盖上，以防灰尘。

（2）烤干法。利用加热使水分迅速蒸发而使仪器干燥，此法常用于可加热或者耐高温的仪器，如试管、烧杯、烧瓶、坩埚、灼烧皿等。加热前先将仪器外壁擦干，然后放在电热板或隔有石棉网的小火上烘烤。

（3）快干法。此法只在实验中偶然使用。将仪器洗净后稍控干，立即加入少量（3～5mL）能与水互溶且挥发性较大的有机溶剂（常用无水乙醇或丙酮），将器壁转动使溶剂在内壁各处流动，倾出溶剂并擦干外壁，再用电吹风迅速将内壁残留的易挥发物赶出，达到快干的目的。分析实验中对器皿洁净程度要求高，一般不宜使用此法。

（4）烘干法。通常使用电热干燥箱或红外线干燥箱，将器皿洗净并稍控干后置于干燥箱内，在适当温度（高于 100℃）下，经一段时间即可烘干，在加热初期箱门应稍稍开启，以便水蒸气迅速逸出。

四、试纸

试纸是用滤纸浸渍了指示剂或试剂溶液后制成的干燥纸条，常用来定性检验一些溶液的性质或某些物质的存在。其具有操作简单、使用方便、反应快速等特点。各种试纸都应密封保存，以防被实验室中的气体或其他物质污染而变质、失效。

试纸的种类很多，这里仅介绍实验室中常用的几种试纸及使用。

（一）酸碱性试纸

酸碱性试纸是用来检验溶液酸碱性的，常见的有 pH 试纸、刚果红试纸和石蕊试纸等。

1. pH 试纸

pH 试纸用于检测溶液的 pH，有广泛 pH 试纸和精密 pH 试纸两种，均有商品出售。

广泛 pH 试纸用于粗略地检测溶液的 pH，其测试的 pH 范围较宽，pH 单位为 1，按变色 pH 范围又可分为 1～10、1～12、1～14、9～14 四种。最常用的是变色 pH 范围 1～14 的 pH 试纸，其颜色由红—橙—黄—绿至蓝色逐渐发生变化。溶液的 pH 不同，试纸的颜色变色也不同，通常附有色阶卡，以便通过比较确定溶液的 pH 范围。

精密 pH 试纸种类很多，按变色 pH 范围可分为 0.5～5.0、2.7～4.7、3.8～5.4、5.4～7.0、6.8～8.4、8.2～10.0、9.5～13.0 等，可以根据不同的需求选用。精密 pH 试纸用于比较精确地检测溶液的 pH，其测定的 pH 单位小于 1。需要注意精密 pH 试纸很容易受空气中酸碱气体的侵扰，要妥善保存。

2. 刚果红试纸

刚果红试纸自身为红色，遇酸变为蓝色，遇碱又变成红色。

3. 石蕊试纸

石蕊试纸分蓝色和红色两种，酸性溶液使蓝色石蕊试纸变红，碱性溶液使红色石蕊试纸变蓝。

（二）特种试纸

特种试纸具有专属性，通常是专门为检测某种（类）物质的存在而特殊制作的。常用特种试纸见表 1-4。

表 1-4　常用特种试纸

名　称	制　备　方　法	用　途
乙酸铅试纸	将滤纸浸于 100g/L 乙酸铅溶液中，取出后在无硫化氢处晾干	检验痕量的硫化氢，作用时变成黑色
硝酸银试纸	将滤纸浸入 250g/L 的硝酸银溶液中，晾干后保存在棕色瓶中	检验硫化氢，作用时显黑色斑点
氯化汞试纸	将滤纸浸入 30g/L 氯化汞-酒精溶液中，取出后晾干	比色法测砷
氯化钯试纸	将滤纸浸入 20g/L 氯化钯溶液中，干燥后再浸入 5% 乙酸中，晾干	与一氧化碳作用呈黑色
溴化钾-荧光黄试纸	将荧光黄 0.2g、溴化钾 30g、氢氧化钾 2g 及碳酸钠 12g 溶于 100mL 水中，将滤纸浸入后，晾干	与卤素作用时呈红色
乙酸联苯胺试纸	将乙酸铜 2.86g 溶于 1L 水中，与饱和乙酸联苯胺溶液 475mL 及水 525mL 混合，将滤纸浸入后，晾干	与氰化氢作用呈蓝色
碘化钾-淀粉试纸	100mL 新配制的 5g/L 淀粉溶液中，加入碘化钾 0.2g，将滤纸浸透，取出于暗处晾干，保存在密闭的棕色瓶中	检验氧化剂，作用时变蓝
碘酸钾-淀粉试纸	将碘酸钾 1.07g 溶于 100mL 0.025mol/L 硫酸中，加入新配制的 5g/L 淀粉溶液 100mL，将滤纸浸入后，晾干	检验一氧化氮、二氧化硫等还原性气体，作用时呈蓝色
玫瑰红酸钠试纸	将滤纸浸入 2g/L 玫瑰红酸钠溶液中，取出后晾干，使用前新制	检验锶，作用时形成红色斑点
铁氰化钾及亚铁氰化钾试纸	将滤纸浸入饱和的铁氰化钾（或亚铁氰化钾）溶液中，取出后晾干	与亚铁离子（或铁离子）作用时呈蓝色
电极试纸	将 1g 酚酞溶于 100mL 乙醇中，5g 氯化钠溶于 100mL 水中，将两溶液等体积混合，将滤纸浸入，取出干燥	将该滤纸用水湿润，接在电池的两个电极上，电解一段时间，与电池负极相接呈现红色

（三）试纸的使用

（1）酸碱试纸的使用。使用酸碱试纸检验溶液的酸度时，先用镊子夹取一条试纸，放在干燥洁净的表面皿中，再用玻璃棒蘸取少量待检溶液在试纸上，观察试纸颜色的变化。若使用 pH 试纸，则需要与色阶卡的标准色阶进行比较，以确定溶液的 pH。注意不能将试纸投入溶液中进行检测。

（2）专用试纸的使用。使用专用试纸检验气体时，先将试纸润湿后粘在玻璃棒的一端，然后悬放在盛有待测物质的试管口上方，观察试纸颜色的变化，以确定某种气体是否存在。注意不能将试纸伸入试管中进行检测。

（3）试纸忌讳直接用手拿用，以免手上不慎带有的化学品污染试纸。

（4）从容器中取出试纸后，应立即盖严容器，以防止容器内试纸受到空气中某些气体污染。

（5）使用试纸时，每次用一小块即可，用过的试纸应投入废物箱中。

模块二
化学实验基本操作

项目一 天平与称量技术

一、天平的分类及一般操作

天平是实验室常用的称量仪器，根据天平的准确度和感量，天平可分为：台秤（百分之一天平）、扭力天平（千分之一天平），分析天平（万分之一天平），十万分之一天平等。根据工作原理天平可分为机械天平、电子天平。

（一）台秤

台秤感量：百分之一，用于粗略称量，一般称准至 0.1g。称量前要检查台秤的零点，即检查台秤空载时是否平衡：托盘上不放物体，游码置于刻度尺左端零处时，如指针左右摆幅相等即平衡，否则应调节平衡螺丝，使之平衡，方可使用。称量时应将被称量物放在左盘，右盘试加砝码，先大后小（砝码5221配制），5g以下用标尺上的游码来调节（有的台秤无游码，用小砝码或片码），直至平衡。此时，砝码和游码所示的总质量就是被称物的质量。图2-1为台秤示意图。

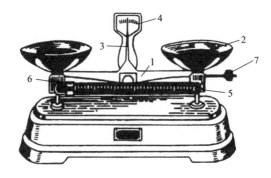

图 2-1 台秤

1—横梁；2—托盘；3—指针；4—刻度牌；5—游码标尺；6—游码；7—平衡调节螺丝

1. 台秤的使用操作

（1）调零。称量前应将游码拨至标尺"0"线，观察指针在刻度牌中心线附近的摆动情况。若等距离摆动，表示台秤可以使用，否则应调节托盘下面的平衡调节螺丝，使指针在中心线左右等距离摆动，或停在中心线上不动为止。

（2）称量。称量时，左盘放被称量物，被称量物不能直接放在托盘上，应依其性质放在纸上、表面皿上或其他容器里。10g（或5g）以上的砝码放在右盘中，10g（或5g）以下则用移动标尺上的游码来调节。砝码与游码所示的总质量就是被称量物的质量。

2. 注意事项

（1）不能称量热的物体。

（2）称量完毕后，台秤与砝码恢复原状。

（3）要保持台秤清洁。

（4）要用镊子取砝码，不能用手拿。

（二）扭力天平

扭力天平感量：千分之一，用于一般称量，一般称准至0.01g。其工作原理，操作步骤和台秤相似，此处不再赘述。

（三）分析天平

分析天平感量：万分之一，用于准确称量，一般标准至0.001g。分析天平是定量分析中最重要的仪器之一，目前较多使用电子分析天平。

电子分析天平是一种现代化高科技先进称量仪器，它利用电子装置完成电磁力补偿的调节，使物体在重力场中实现力的平衡，或通过电磁力矩的调节，使物体在重力场中实现力矩的平衡。近年来电子分析天平的生产技术得到飞速的发展，市场上出现了一系列的从简单到复杂、从粗到精，可用于基础、标准和专业等多种级别称量任务的电子分析天平。如梅特乐-特利多公司推出的超微量、微量电子分析天平可精确称量到$0.1\mu g$，最大称量值为$2100mg$；AT电子分析天平可精确称量到$1\mu g$，最大称量值为$22\mu g$。

电子分析天平最基本的功能是：自动调零，自动校准，自动扣除空白和自动显示称量结果。它称量方便、迅速，读数稳定，准确度高。

下面介绍三种常用的电子天平。

1. JY6001型电子天平的使用（用于一般称量）

JY6001型电子天平（图2-2）可精确称量到0.1g，称量范围为0～600g，用于称量精度要求不高的情况。其称量步骤如下：

（1）插上电源插头，打开尾部开关；

（2）按C/ON键，启动显示屏，约2s后显示"0.0g"；

（3）预热；

（4）当天平显示"0.0g"不变时，即可进行称量；

（5）当天平显示称量值达到要求并不变时，表示称量完成；

（6）称量完毕后，轻按关闭键，关闭天平；

（7）拔下电源插头。

去皮键的使用方法如下：

（1）置容器或称量纸于秤盘上，显示出容器或称量纸的质量（皮重）；

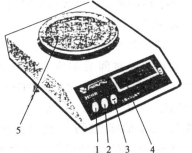

图2-2 JY6001型电子分析天平
1—C/ON开启显示器或天平校准键；
2—T清零、去皮键；3—关闭键；
4—显示屏；5—秤盘

（2）轻按 T 键，去除皮重；

（3）取下容器或称量纸，加上被称物后再称量，显示屏显示值即为去皮重后的被称物质量；

（4）再按 T 键清零。

2．ED2140 型电子分析天平的使用

ED2140 型电子分析天平（图 2-3）可精确称量到 1mg，最大负载质量为 210g。其称量步骤如下：

（1）观察天平的水平指示是否在水平状态，如果不在，用水平脚调整水平；

（2）插上电源插头，轻按开关键，预热 30min；

（3）轻按 O/T 键，设天平至零，即天平显示"weigh 0.000 0g"；

（4）天平显示"0.000 0g"不变时，即可进行称量；

（5）当天平显示称量值达到要求并不变时，表示称量完成；

（6）称量完毕后，轻按开关键，关闭天平；

（7）拔下电源插头。

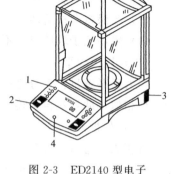

图 2-3　ED2140 型电子
分析天平
1—电源开关键；2—O/T 键；
3—水平脚；4—水平指示

3．FA1604 型电子分析天平的使用

（1）在使用前观察天平是否水平，若不水平，可调节水平脚，使水泡位于水平仪中心。

（2）接通电源，预热 30min 后方可开启显示屏。

（3）轻按一下 ON 键，显示屏全亮，出现"±8 888 888%g"，约 2s 后，显示天平的型号："－1604－"，然后是称量模式："0.000 0g"或"0.000g"。

（4）如果显示不正好是"0.000 0g"，则需按一下 TAR 键。

（5）将容器或称量纸轻轻放在秤盘上，轻按 TAR 键，显示消隐，随即出现全零状态，容器或称量纸质量已除去（即已去皮重），即可向容器里或称量纸上加药品进行称量，显示出来的是药品的质量。

（6）称量完毕，取下被称物，按一下 OFF 键（如不久还要称量，可不拔掉电源），让天平处于待命状态，再次称量时按一下 ON 键就可使用。最后使用完毕，要拔下电源插头，盖上防尘罩。

（7）天平校准。因存放时间长、位置移动、环境变化或为获得精确测量，天平在使用前或使用一段时间后都应进行校准。校准时，取下秤盘上的所有被称物，置"mg—30"、"INT—3"、"ASD—2"、"Ery—g"模式。轻按 TAR 键清零。按 CAL 键当显示器出现"CAL－"时，即松手，显示器就出现"CAL—100 "，其中"100"为闪烁码，表示校准码需用 100g 的标准砝码。此时把准备好的 100g 校准砝码放在秤盘上，显示器即出现"－"等待状态，经较长时间后显示器出现"100.000g"，除去校准砝码，显示器应出现"0.000 0g"，若显示不为零，则清零，再重复以上校准操作（为了得到准确的校准效果，最好重复以上校准操作两次）。

二、天平的称量方法

天平的称量方法主要有直接称量法、递减称量法和固定质量称量法。

1. 直接称量法

如图 2-4 所示，将天平调节零点后，把被称量物品放置在天平的左盘上（若称量样品则应将样品放在已知质量的干燥洁净的表面皿上或其他器皿上）。直接称量法主要用于称取固体物品的质量或一次称取一定质量的样品。被称量物的性质应稳定，在空气中不易吸湿或挥发。

2. 递减称量法

利用两次称量之差，求得一份或多份被称量物的质量，称为递减称量法。称量时不用测零点。定量分析中称取多份样品或基准物质时常用递减称量法。这种方法称出样品的质量不要求固定的数值，只需在要求的一定范围内即可。适用于称取易吸湿、易氧化、易与二氧化碳反应的样品。将此类样品装在带盖的称量瓶中进行称量，既可防止样品吸湿和氧化，又便于称量。

操作方法：在洁净而干燥的称量瓶中放入适量样品，准确称其质量，设为 m_1，做好记录。取出称量瓶，移到事先准备好的盛放样品的洁净容器的上方，打开称量瓶盖，用瓶盖轻轻敲击倾斜的称量瓶口内缘，使样品慢慢落入容器之中，如图 2-5 所示。操作须细心，勿使样品撒落在容器外面。当敲出的样品适量后，缓缓直立称量瓶，同时用瓶盖轻轻敲击瓶口，使沾在瓶口的样品落回瓶内。盖好瓶盖，再准确称其质量，设为 m_2，两次称量之差 m_1-m_2 即为称出的第一份样品的质量。如此继续称量，便可称出多份样品。这种方法的优点是称取多份样品时，可连续称量，减少读数次数，缩短称量时间。

图 2-4　直接称量法

图 2-5　递减称量法

3. 固定质量称量法

某些实验需准确称取一定质量的试样，如称取干燥的某纯品 0.3147g，则可用固定质量称量法。这种称量方法要求样品本身不吸水，在空气中性质稳定。

操作方法：先在分析天平上准确称量干燥、洁净的表面皿的质量，之后用该质量加上所需称取的药品的质量，记录数据。再非常仔细地用小药匙将样品慢慢地倒入表面皿中，接近停点时，药匙上只能取少量样品，用指尖轻弹药匙，每次只使极少量的样品落下，直到显示屏上出现的数字与记录的数据一致时，即称得固定质量的样品。这种方法的优点是称量简便，结果计算方便。

三、称量技术训练

【实训目的】

掌握直接称量、递减称量和固定质量称量的方法。

【工作任务】

（一）准备工作

称量前先检查天平是否水平，天平盘是否清洁。

（二）称量练习

1. 递减称量法称量练习

用递减称量法称取 3 份固体 Na_2CO_3 样品，每份约 0.5g，称量精确至 0.0001g。先在台秤上称空瓶重，再将游标尺向右移动增加 1.5～2.0g，用药匙将样品加入左盘空称量瓶中至平衡。再将盛有样品的称量瓶放在分析天平上准确读数，记为 m_1。然后将称量瓶移至放样品的锥形瓶上方，打开瓶盖，将瓶口向下倾斜，用瓶盖轻轻敲打瓶口上方，使约 1/3 的样品落入锥形瓶（不允许有一点样品落在其他地方）。再将称量瓶直立，同时用瓶盖轻轻敲打瓶口，使瓶口处药品落回瓶内，盖好瓶盖，再称量一次，记为 m_2。如果倾出的样品远不足 0.5g 时，则需继续倾出。倾出量允许误差可在应倾出量的 ±10%，即 $0.5 \pm 0.5 \times 10\% = 0.45～0.55$ 为宜。则第一份样品的质量为：

$$m' = m_1 - m_2$$

用同样方法称出第二份、第三份样品，做好记录。称量瓶中剩余的样品倒入指定的回收容器中。

2. 固定质量称量法称量练习

准确称取 0.2453g 固体 Na_2CO_3 样品 1 份。

准确称出表面皿的质量，记下数据（或清零）。药匙上只取很少量的样品，用指尖轻弹药匙，每次只让极少量的样品落下（注意，在此操作过程中，切不可触动天平），直到称出的 Na_2CO_3 样品的质量为 0.245Xg。

【注意事项】

1. 取用称量瓶时，应用洁净的纸条套住称量瓶，不能用手直接拿取，以免沾污称量瓶，造成称量误差。

2. 所有称量数据应及时、准确地记录在报告上，不能随意涂改。

【报告内容】

1. 递减称量法

测量次数	1	2	3
称量记录	$m_1 = $ _____ $m_2 = $ _____ Na_2CO_3 质量 $m' = $ _____	$m_2 = $ _____ $m_3 = $ _____ Na_2CO_3 质量 $m'' = $ _____	$m_3 = $ _____ $m_4 = $ _____ Na_2CO_3 质量 $m''' = $ _____

2. 固定质量称量法

（表面皿＋ Na_2CO_3）的质量：_____

表面皿的质量：_____

Na_2CO_3 的质量：_____

【问题讨论】

1. 递减称量法和固定质量称量法需要调零点吗？为什么？

2. 用直接称量法称量时，若天平的零点是"＋0.1"，则最后的结果应加上还是减去 0.1？

【附1】 称量技术实训操作考核评分细则

（用递减法准确称量药品0.2g至小烧杯中）　　　　　　　　　　（时间20分钟）

项　目	考 核 内 容	分值	操作要求	考核记录	扣分	得分
天平称量	电子天平的准备	4	预热			
			水平			
			清扫			
			调零			
			每一项扣1分			
	操作过程	40	称量物放于盘中心			
			在接受容器上方开、关称量瓶			
			敲的位置正确			
			手不接触称量瓶			
			称量瓶不得置于台面			
			边敲边竖			
			及时盖干燥器			
			添加样品次数≤3			
			每一项扣5分			
	称量范围	50	在规定量±5%内	0		
			在规定量±10%内	10		
			超出10%一个	20		
			重称一次	20		
清场工作	称量结束称	6	复位			
			清扫天平盘			
			登记			
			放回凳子			
			每一项扣1.5分			

项目二　溶液配制技术

【实训目的】

1. 学会取用固体试剂及倾倒液体试剂的方法。
2. 熟悉溶液浓度的计算，掌握一定浓度溶液的配制方法。
3. 初步学会移液管和量瓶的使用。

【必备知识】

一、试剂的取用

（一）固体试剂的取用

取用固体试剂要用洁净、干燥的药匙。取用一定量的固体时，可用天平进行称量，当固体试剂的用量不要求很准确时，用肉眼估计即可。向试管中加入粉末状固体时，采用纸槽伸入平放的试管约 2/3 处，然后竖直试管，使试剂落到试管底部。向试管中加入块状固体时，应将试管横放，将块状固体放入管口，再使其沿管壁缓慢滑下。向烧杯、烧瓶中加入粉末状固体时，可用药匙将试剂直接放置在容器底部，尽量不要撒在器壁上，注意勿使药匙接触器壁。

（二）液体试剂的取用

1. 从滴瓶中取用液体试剂

从滴瓶中取用液体试剂要使用滴瓶中固定的滴管，不得用其他滴管代替。滴管保持垂直，避免倾斜，将滴管下口放在试管上方滴加，禁止将滴管伸入试管内。滴加完毕滴管立即插回原瓶。当液体试剂用量不必十分准确时，可以估计液体量。一般滴管的 20 滴约为 1mL。

2. 从细口瓶中取用液体试剂

当取用的液体试剂不需定量时，一般用左手拿住容器（试管、量筒），右手握住试剂瓶，让试剂瓶的标签朝向手心（瓶塞要倒放在桌面上），倒出所需试剂量后，应将试剂瓶口在容器口边靠一下，再缓慢竖直试剂瓶。

3. 用量筒（杯）定量取用液体试剂

用量筒（杯）取用一定量液体试剂，读数时，视线应与量筒内溶液弯月面最底处水平相切。

二、溶液的配制

溶液的配制是指将固态试剂溶于水（或其他溶剂）配制成溶液；或者将液态试剂（或浓溶液）加水（或其他溶剂）稀释制成溶液。

溶液通常有以下两种配制方法。

1. 直接法

用分析天平准确称取一定量的基准物质，溶于适量的水中，再定量转移到容量瓶中，用蒸馏水稀释到刻度。根据称取物质的质量和容量瓶的体积，计算其准确浓度。

基准物质是纯度很高的、组成一定的、性质稳定的试剂，它相当于或高于优级纯试剂的纯度。基准物质可用于直接配制标准溶液或用于标定溶液浓度。作为基准物质应具备下列条件。

（1）物质的组成与其化学式完全相符。试剂的纯度应足够高，一般要求纯度在 99.9%以上，而杂质的含量应少到不至于影响分析的准确度。

（2）试剂在通常条件下应该稳定。

（3）试剂参加反应时，应按反应方程式定量进行而没有副反应。

2．标定法

实际上只有少数试剂符合基准试剂的要求。很多试剂不宜用直接法配制成标准溶液，而要用间接的方法，即标定法。在这种情况下，先配成接近所需浓度的溶液，然后用基准物质或另一种已知准确浓度的标准溶液来标定其准确浓度。

【工作任务一】 容量仪器的操作

1．移液管

移液管又称吸量管，是用于准确移取一定体积溶液的量器，通常有两种形状。一种移液管中部有膨大部分，下端有细长尖嘴，具有单刻度而无分刻度，又称腹式吸管，如图 2-6 所示。常用的有 5mL、10mL、25mL、50mL 等规格，这种吸管用来移取一定体积的溶液。另一种移液管为直形管状，管上有分刻度，可用于准确量取在总容积范围以内体积的溶液，如5mL 刻度吸管可以吸取 3mL 或 4mL 溶液等，又称刻度吸管，如图 2-7 所示。常用的有1mL、2mL、5mL、10mL 等规格。

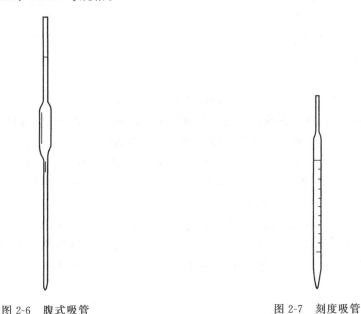

图 2-6　腹式吸管　　　　　　　　　　图 2-7　刻度吸管

使用时，先将已洗净的移液管用少量待吸溶液润洗 2～3 次，以除去残留在管内的水分。吸取溶液时，右手将移液管插入溶液中，左手拿洗耳球，先把球内空气压出，然后把球的尖端插入移液管顶口，慢慢松开洗耳球，使溶液吸入管内，当液面升高到标线以上时，立即用右手食指将管口堵住，将管尖离开液面，用滤纸擦去外面液体，稍松食指，使液面缓缓下降至弯月面下缘与标线相切，立即按紧管口。把移液管移入稍微倾斜的准备承接溶液的容器中，并同时将其垂直，使管尖与容器内壁接触，松开食指，让管内溶液自然沿器壁全部流下，等待 15s 后，取出移液管。不要将管尖残留的液体吹出，因移液管校准时，这部分液体体积未计算在内。移液管使用完毕，立即洗净放在移液管架上。移液管不能放在烘箱中烘烤，以免引起容积变化而影响测量的准确度。

2. 量瓶

量瓶也称容量瓶，它是一种细长颈梨形的平底玻璃瓶，带有磨口塞或塑料塞。瓶颈上刻有环形标线，表示在所指温度下，当液面至标线时，液体体积恰好与瓶上注明的体积相等。量瓶能准确盛放一定体积的溶液，一般用于配制和准确稀释溶液，通常有 25mL、50mL、100mL、250mL、500mL、1000mL 等多种规格。量瓶使用之前，首先要检查是否漏水。其方法是将量瓶装满水，盖紧瓶塞，一手食指按住瓶塞，一手握住瓶底，将量瓶倒置 1～2min，观察瓶口是否有水渗出，如图 2-8 所示，如不漏水，将瓶塞转动 180°后，再试验一次，仍不漏水，即可使用。

图 2-8　量瓶检漏

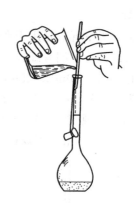

图 2-9　转移溶液

配制溶液前先将量瓶洗净，如果是用固体溶质配制溶液，应先将准确称量好的固体物质置于烧杯中，溶解后，再将溶液定量转移至量瓶中。转移时，用一玻璃棒插入量瓶内，玻璃棒下端靠着瓶颈内壁，烧杯嘴紧靠玻璃棒，使溶液沿玻璃棒流入量瓶中，如图 2-9 所示，溶液全部流完后，将烧杯沿玻璃棒上移，并同时直立，使附在玻璃棒与烧杯嘴之间的溶液流回烧杯中。然后用纯化水冲洗烧杯，洗液一并转入量瓶中，重复冲洗 3 次。用洗瓶吹洗瓶口，当加入纯化水至量瓶容积的 2/3 处时，旋摇量瓶，使溶液混合均匀。当加至近标线时，停留片刻，要逐滴加入，直至溶液的弯月面下缘与标线相切为止。盖紧瓶塞，倒转量瓶摇动数十次，使溶液充分混合均匀。量瓶不能长期存放溶液，配制好的溶液应倒入清洁干燥的试剂瓶中储存。量瓶不能直火加热，也不能盛放热溶液。瓶塞与瓶配套使用，不能互换。

【工作任务二】　溶液的配制

1. 一定质量浓度溶液的配制方法

溶液的质量浓度是指 1L 溶液中所含溶质的质量（g）。在配制此种溶液时，如果要配制溶液的体积和质量浓度已知，就可计算出所需溶质的质量（g）。然后用台秤称出所需克数的溶质，再将溶质溶解并加水至需要的体积。如用已知质量的溶质配制一定质量浓度的溶液，则须先计算出所需配溶液的体积，然后按上述方法配制溶液。

9g/L 生理盐水（100mL）的配制：

计算出配制 100mL 9g/L 生理盐水所需 NaCl 的克数，并在台秤上称出。将称得的 NaCl

放入 100mL 烧杯中，加入少量蒸馏水将其溶解后，倒入 100mL 量筒中，然后再加少量蒸馏水冲洗 2～3 次烧杯，一并倒入 100mL 量筒中，加水稀释到 100mL 搅匀，即得 9g/L 生理盐水。经教师检查后，倒入实验室统一回收瓶中。

2. 一定物质的量浓度溶液的配制

溶液的物质的量浓度是指 1L 溶液中所含溶质的物质的量。在配制此种溶液时，首先要根据所需浓度和配制总体积，正确计算出溶质的物质的量，再通过摩尔质量计算出所需溶质的质量。所以在制备溶液时，需要三个步骤：①根据所配制溶液的浓度及体积，计算出所需溶质的量；②称量或量取所需溶质的量；③配制。

0.1mol/LNaOH 溶液（200mL）的配制：

计算出配制 200mL0.1mol/LNaOH 溶液所需固体 NaOH 的质量（g）。取一干燥的小烧杯，用台秤称其重量，加入固体 NaOH，迅速称出 NaOH 的质量（g），倒入盛有 50mL 水的烧杯中，用玻璃棒搅匀，放冷后倒入量筒，淌洗小烧杯 2～3 次，一并倒入量筒，加蒸馏水 200mL 至刻度线。即得 200mL0.1mol/LNaOH 溶液。将配好的溶液倒入回收瓶中。

3. 溶液的稀释

有时需要把浓溶液稀释成稀溶液，在稀释时要掌握一个原则：稀释前后溶液中溶质的量不变。根据浓溶液和欲配制溶液的浓度和体积，利用 $c_1 V_1 = c_2 V_2$ 计算出浓溶液的所需量，然后加水稀释至一定体积即可。上式中 c_1、V_1 分别为浓溶液的浓度和体积，c_2、V_2 分别为稀溶液的浓度和体积。

75％酒精（50mL）的配制：

用 95％的酒精配制 75％的酒精 50mL，计算出所需 95％酒精的体积。用 100mL 量筒量取所需 95％酒精的量，然后边加水边用玻璃棒搅拌，直到溶液体积达到 50mL。备用。

【知识拓展】

（1）配制饱和溶液时，取用溶质的量应稍多于计算量，加热使之溶解后，冷却，待结晶析出后，取用上层清液。

（2）配制易水解的盐溶液时（如氯化亚锡、三氯化锑、硫化钠等），必须将它们先溶解在相应的酸或碱中（如盐酸、硝酸、氢氧化钠）以抑制水解，再进行稀释。

（3）配制易氧化或还原的溶液时，常在使用前临时配制，采取适当措施。如配制硫酸亚铁时，不仅需要酸化溶液，还需加入金属铁。

（4）配制指示剂溶液时，指示剂的用量往往很少，这时可用分析天平称量，但只要称准至两位数即可（一般使用酒精溶剂）。

（5）配好的溶液，应选择适当的容器储存。易侵蚀玻璃的溶液，应放在聚乙烯瓶中，如强碱溶液、氟化物溶液；盛放碱性溶液的玻璃瓶不能用玻璃塞，要用橡皮塞或塑料塞；见光易分解和易挥发的溶液，应盛放在棕色瓶中并避光保存。

【问题讨论】

1. 配置溶液的一般步骤。
2. 配制硫酸溶液的注意事项。

【附2】 移液技术实训操作考核细则

（准确量取液体 25.00mL，至锥形瓶中）   （时间 20 分钟）

项　　目	考核内容	分值	操作要求	考核记录	扣分	得分
移取溶液	洗涤	10	洗涤方法正确，洗涤干净			
	移液管润洗	30	溶液润洗前将水尽量沥干			
			小烧杯于移液管润洗次数≥3 次			
			溶液不明显回流			
			润洗液量 1/4 球至 1/3 球			
			润洗动作			
			润洗液从尖嘴放出			
			每项扣 5 分			
	吸液	15	插入液面 1～2cm			
			不能吸空			
			溶液不得放回原溶液			
			每项扣 5 分			
	调刻度线	25	调至刻度前擦干外壁			
			调至刻度时移液管竖直、下端尖嘴靠壁			
			因调刻度线失败重吸≤1 次			
			调好刻度线时移液管下端没有气泡且无挂液			
			调刻度线准确			
			每项扣 5 分			
	放溶液	10	移液管竖直、下端尖嘴靠壁、停 15 秒、旋转			
			用少量水冲洗锥形瓶瓶口			
			每项扣 5 分			
清场工作	实验后台面、试剂、仪器、废液、纸屑等的处理	10				

【附3】 容量瓶使用实训操作考核细则

(容量瓶使用) (时间20分钟)

项　目	考 核 内 容	分值	操作要求	考核记录	扣分	得分
样品溶解并定容	容量瓶洗涤	5	洗涤干净			
	容量瓶试漏	10	试漏方法正确			
	定量转移	40	溶样完全后转移			
			玻棒拿出前靠去所挂水			
			玻璃棒插入深度在磨口下端			
			玻棒靠瓶口			
			玻棒不放在烧杯尖嘴处			
			吹洗玻棒、容量瓶口			
			洗涤次数至少3次			
			溶液不洒落			
			每错一项扣5分			
	定容	35	三分之二水平摇动			
			近刻度线停两分钟			
			准确稀释至刻度线			
			摇匀动作正确			
			摇动7～8次打开旋塞180°			
			溶液全部落下后下一次摇匀			
			摇匀次数≥14次			
			每错一项扣5分			
清场工作		10				

项目三　熔点的测定技术

【实训目的】

1. 掌握一些常见的加热方法。
2. 掌握测定熔点的操作。
3. 了解熔点测定的意义。

【必备知识】

一、加热器具

1. 酒精灯和酒精喷灯

在没有煤气的实验室中常使用酒精灯和酒精喷灯加热。酒精灯为玻璃制品，通常温度可达 670~773K，故用于加热温度不需太高的实验。酒精喷灯火焰的温度通常可达 930~1270K，常用于需加热温度较高的实验。

酒精灯的使用方法如下：先取下灯罩，提起瓷质灯芯套管，用嘴向灯内轻轻吹一下，赶走积聚在其中的酒精蒸气。放下管套，拨正并修剪灯芯，然后用火柴点燃，如图 2-10 所示。

使用酒精灯时应注意以下几点。

（1）严禁用已燃着的酒精灯去点燃别的酒精灯。

（2）酒精灯不用时，盖上灯罩，使火焰隔绝空气后自行熄灭，绝对不要用嘴去吹灭。

（3）当灯内酒精量已少于灯容量的 1/4 时，就需要添加酒精。先把火焰熄灭，然后经漏斗加入酒精。酒精不能加得太满，一般以不超过灯容量的 2/3 为宜。严禁在未熄灭的情况下添加酒精，这是非常危险的，往往会导致烧伤或引起火灾。

图 2-10　点燃
酒精灯

酒精喷灯为金属制品，有挂式和座式两种，构造如图 2-11 所示。

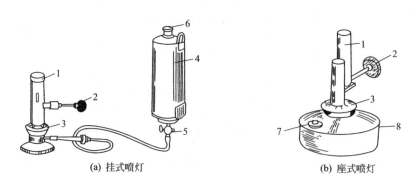

(a) 挂式喷灯　　　　　　　　　　　(b) 座式喷灯

图 2-11　酒精喷灯的类型和构造

1—铜质灯管；2—空气调节器；3—预热盘；4—酒精贮罐；

5—开关；6—盖子；7—铜帽；8—酒精壶

挂式喷灯的使用方法如下：使用前，先关闭贮罐下面的开关，打开上盖，从上口向贮罐内加入酒精，然后拧紧上盖。加完酒精后把贮罐挂在高处。在预热盘中加满酒精并点燃，以加热铜质灯管，待盘中酒精将要烧完时，旋开空气调节器（逆时针）并打开贮罐下部的开关，这时由于酒精在灼热的铜质灯管内汽化，与来自气孔的空气混合，用火柴在管口点燃气体，旋转空气调节器控制火焰的大小以获得稳定的火焰。用毕，向里旋紧空气调节器（顺时针），同时关闭贮罐下面的开关，火焰即自行熄灭，此时若有小火未熄，可用木块覆盖管口熄灭之。

如果在预热盘中点燃酒精两次后，仍不出气（即喷灯管口的气体点不着），可能是酒精蒸气口阻塞，可先关闭开关，然后用探针疏通，重新在预热盘中加酒精预热后点火。必须注意：在旋开空气调节器，点燃管口气体前，必须使灯管充分灼热，否则酒精不能全部汽化，造成液体酒精由管口喷出来，形成"火雨"，甚至引起火灾。遇到这种情况，应立即关紧空气调节器和酒精贮罐的开关。

2. 电炉和电热套

使用电加热器有不产生有毒气体和加热易燃物时不易发生火灾等优点。常用电加热器如图 2-12 所示。

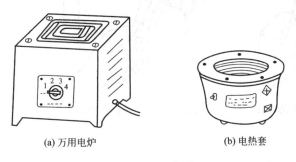

(a) 万用电炉   (b) 电热套

图 2-12   常用电加热器

电炉，如万用电炉，可随意调节加热温度，使用甚为方便。常用电炉功率调节范围为 $300 \sim 1000 W$。

电热套是玻璃纤维包裹着电热丝织成帽状的加热器。加热和蒸馏易燃有机物时，由于它不是明火，因此具有不易引起着火的优点，热效率也高。加热温度用调压变压器控制，最高加热温度可达 $400^\circ C$ 左右，是有机实验中一种简便、安全的加热装置。电热套的容积一般与烧瓶的容积相匹配，从 50mL 起，各种规格均有。电热套主要用做回流加热的热源。用它进行蒸馏或减压蒸馏时，随着蒸馏的进行，瓶内物质逐渐减少，这时使用电热套加热，就会使瓶壁过热，造成蒸馏物被烤焦的现象。若选用稍大一号的电热套，在蒸馏过程中，不断降低电热套升降台的高度，会减少烤焦现象。

二、加热操作

（一）直接加热

1. 液体的加热

加热试管中液体时，液体量不应超过试管容量的 1/3，试管外壁应干燥，并用试管夹夹持，不能用手拿着加热。加热时试管应略微倾斜，与桌面成 45°，如图 2-13 所示。先使试管均匀地受热，然后加热试管的中上部，慢慢往下移动，并不时上下移动，不断振荡。不要集中加热试管底部或某一部分，以免引起暴沸，使液体溅出。试管口不要对着人，以防发生意外。加热烧杯、烧瓶和锥形瓶等玻璃容器中的液体时，必须放在石棉网上，否则因受热不均匀会使容器破裂，所盛液体一般不超过容器的1/2。加热烧杯中的液体时还要适当搅动，以免暴沸。

2. 固体的加热

加热试管中的固体时，必须使试管口稍微向下倾斜，使试管口略低于底部（图2-14）以免加热过程中产生的水蒸气在试管口冷凝后流向灼热的管底，而使试管破裂。加热时先使试管均匀受热，再集中加热装固体物质的部位。

在蒸发皿中加热固体时，应注意充分搅拌，使固体受热均匀。当需要大火加热固体时，可把固体放在坩埚内用煤气灯或喷灯灼烧，坩埚应放在泥三角上（图2-15）。取放坩埚时，要用坩埚钳。

图 2-13　加热试管中的液体　　　图 2-14　加热试管中的固体　　　图 2-15　灼烧坩埚

（二）热浴加热

热浴加热主要包括水浴或蒸汽浴、油浴和砂浴，如图 2-16 所示。

  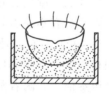

(a) 水浴/油浴加热　　　　　(b) 蒸汽浴加热　　　　　(c) 砂浴加热

图 2-16　热浴加热

1. 水浴或蒸汽浴

当被加热物质要求受热均匀，加热温度在 373K 以下时，可将容器浸在水中，但勿使容器接触水浴底部，调节火焰的大小，把水温控制在需要的温度范围内。如果需要加热到 373K，可用沸水浴；也可把容器放在水浴锅的铜圈上，利用蒸汽加热（即蒸汽浴）。水浴中盛水的量不要超过其容量的 2/3，操作时要及时加水切勿烧干。在无机化学实验中常用烧杯代替水浴锅。

2. 油浴

水浴中以油代水，即为油浴，油浴加热温度在 373～473K，使用时要当心，防止着火。

3. 砂浴

砂浴可加热至 627K，一般用铁盘装砂，将反应器半埋在砂中加热。因为砂的热传导能力较差，故砂浴温度不均。若要测量温度，可把温度计插入砂中，水银球应紧靠反应容器。

三、熔点测定实验原理

固态化合物当受热达到一定温度时，即转变成液态，此时的温度称为该化合物的熔点。严格地说：物质的熔点是该物质在标准大气压（101.325kPa）下，固、液两态达到平衡状态时的温度。

每种纯有机物都有自己独特的晶形结构和分子间的作用力，所以纯净的固体有机物都有一定的熔点，在一定压力下，固液两态之间变化非常敏锐，从开始熔化（始熔）至完全熔化（全熔）的温度范围（称为熔点范围、熔点距或熔程）很小，一般不超过 0.5～1℃，因此，在其熔化时温度若维持一段时间，则能观察到由固态转化成液态的全过程。所以，利用熔化时温度的恒定与否可以鉴定有机物的纯度。在准确测定熔点过程中，当温度接近熔点时，加热升高温度一定要慢，温度升高每分钟不超过 1～2℃，不纯品即当有少量杂质时，熔点往往下降，即熔程拉长。大多数有机物的熔点都在 400℃ 以下，较易测定，所以，熔点测定法是有机物作为检验纯度的方法之一。

熔点测定方法有多种，主要有毛细管法、电热熔点法和放大镜或微量熔点测定法等。其中毛细管法仪器简单、操作简便，虽然它有结果偏高，观察晶体全熔过程不明显的问题，但仍作为检验纯度的鉴定方法。本实验用毛细管法测定熔点。

【工作任务】 苯甲酸熔点的测定

准备相关仪器、药品如下。

仪器：铁架台，铁夹，提勒管，酒精灯，温度计，毛细管，长玻璃管，表面皿，橡皮圈。

药品：苯甲酸，石蜡。

一、熔点管的准备

熔点管可以购买成品，也可以自制。

二、导热液的选用

导热液通常用液体石蜡、甘油和浓硫酸等，选择的原则是根据样品熔点的高低来进行选择。如样品熔点在 140℃ 以下时，最好选用液体石蜡或甘油；样品熔点在 140℃ 以上时，可选用浓硫酸，但浓硫酸具有很强的腐蚀性，若操作不当，浓硫酸溅出时易伤人，因此使用时要特别小心。如样品熔点超过了 250℃，浓硫酸会冒黑烟，可在浓硫酸中加入硫酸钾。本实验选用甘油做导热液。

三、样品的填装

取干燥的少量样品（约 0.1g）于干净的表面皿上，用玻璃棒研细后集成一堆，将毛细管的开口端插入样品堆中，使少量样品挤入管内，然后把装有样品的毛细管开口一端向上，垂直放入一根（长约 40cm）直立于表面皿上的玻璃管内，让其自由地落下。如此操作重复几次，直至样品的高度达 2～3mm 为止。注意研磨和装填样品要迅速，以防止样品吸潮。

装入的样品要结实，受热时才均匀，如果样品间有空隙，不易传热，会影响测定的结果。最后擦去熔点管外的样品粉末，以免污染导热液。

四、熔点测定装置的安装

测定熔点最常用的仪器称为提勒管（图 2-17），由于外形像小写的"b"，因此又称 b 形管。将其固定在铁架台上，管口配上缺口的单孔软木塞，插入温度计，使温度计的水银球位于提勒管两个支管的中间，在提勒管内装入导热液，导热液不能装得太满，以超过提勒管上支管为宜。将毛细管中下部用导热液湿润后，将其紧附在温度计旁，样品部分应靠在温度计水银球的中部，并用橡皮圈将毛细管紧固在温度计上。加热时，火焰须与熔点测定管的倾斜部分的下缘接触。这种装置测定熔点的优点是管内液体因温度差而发生对流作用，省去了人工搅拌的麻烦。

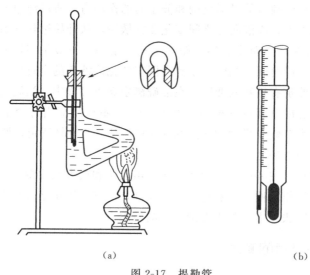

（a）　　　　　　　　　　　　　　　（b）

图 2-17　提勒管

五、熔点的测定

熔点测定的关键操作之一就是控制加热速度，使热能够透过毛细管，样品受热熔化，使样品熔化的温度与温度计所示的温度能保持一致。

1. 粗测熔点

方法是在快速加热下，认真观察毛细管中样品状态的变化，当样品开始熔化或出现样品塌落时，记下温度计的读数，此温度即为该样品的大致熔点。

2. 精测熔点

待热浴的温度下降约30℃时，换一根样品管，慢慢地加热。开始时加热速度可以稍快一些，但每分钟上升速度不要超过5℃；当温度计指数离粗测熔点相差5℃时，应减缓加热速度，以每分钟上升1～2℃为宜。方法是在加热过程中，将热源移去，观察温度是否上升，如停止加热后温度亦停止上升，说明加热速度是比较适合的。当温度接近熔点时，加热速度要更慢，以每分钟上升0.2～0.3℃为宜，此时应特别注意温度的上升和毛细管中样品的变化情况。当毛细管中样品开始塌落和有湿润现象、出现小液滴时，表示样品已开始熔化，此时即为"始熔"，记下这时的温度；继续微热至全部样品变成透明澄清液体时即为"全熔"，再记下这时的温度。"始熔"与"全熔"时温度之差值即为该化合物的熔程。例如，某一化合物在112℃时开始萎缩，113℃时有液滴出现，在114℃时全部成为透明液体，应记录为：

熔点 113～114℃ 。

六、清场工作

（1）药品归位。

（2）液体石蜡冷却倒回试剂瓶中。

（3）整理桌面。

【知识拓展】

一、熔点测定方法（仪器法）

1. 电加热熔点测定法（详见说明书）

开关置于"开"的位置，把加热控制钮开到某一位置，对于已知物可设低于熔点 10℃ 为加热控制点，当升温至设置控制点时，改成 2～3℃/min，观察化合物熔点、熔距。

2. 显微熔点测定法

此法的优点是样品消耗量少，可测定毫克至微克级的微量和半微量的样品。显微镜下能精确观察化合物受热的变化过程（水合物的脱水、结晶溶剂的放出及多晶型物质的晶型转化、升华、分解）。仪器型号多。显微镜的载片台设计成可以电热，通过可变电阻控制到所需升温速度（一般已知物控制在低于熔点 10℃）。加热台的旁测孔中插温度计，当临近熔点时以每分钟 2～4℃ 升温。以显微镜视野中晶体的棱角和棱边变圆时的温度作为始熔点，当所有的晶体消失时的温度作为终熔点。分解点则可见晶体消失并变色。

测定混合熔点时，各取两种样品晶体少许，放在显微镜的载玻片上，彼此靠近，用盖玻片轻轻压动一下，使其紧密接触。同上法测定。升华物的熔点测定应在密闭管中进行。

二、熔点测定意义

各种结晶的有机化合物都有特定的分子间作用力，所以每种结晶的有机化合物都有特定的熔点。一个纯化合物从始熔到全熔的温度范围称为熔距（熔点范围或熔程），一般为0.5～1℃。若含有杂质则熔点下降，熔距增大。利用熔点测定可以估计被测物的纯度。若有两种物质 A 和 B 的熔点是相同的，可用混合熔点法检测 A 和 B 是否为同一种物质，若 A 和 B 不为同一物质，其混合物的熔点比各自的熔点降低很多，且熔距增大。

【注意事项】

1. 切勿使固定毛细管用的橡皮圈触及导热液，以免导热液与橡皮圈发生作用。

2. 每次测定熔点时都必须用新的毛细管另装样品。

3. 热的温度计不能马上用冷水冲洗。

【问题讨论】

1. 有两种样品测得的熔点相同，怎样证明它们是相同还是不同的物质？

2. 测定熔点时，若遇下列情况，将产生什么结果？

（1）熔点管壁太厚。

（2）熔点管不洁净。

（3）样品未完全干燥或含有杂质。

（4）样品研得不细。

（5）样品装得不紧密。

（6）加热太快。

3. 导热液的量为什么要超过提勒管的上支管？

4. 软木塞为什么要留有缺口？

模块三
混合物分离技术

🔨 【学习目标】
掌握过滤、重结晶、萃取蒸馏等混合物分离技术。

项目一　过滤技术

【实训目的】

1. 认识过滤基本概念。
2. 掌握过滤基本操作。

【必备知识】

一、基本概念

过滤是分离沉淀最常用的方法之一。它是以多孔物质作为介质通过外力的作用将固体和液体分离的操作。多孔物质称为过滤介质（常见的有滤纸），外力就称为过滤推动力，过滤的推动力是过滤介质两侧的压力差。

当溶液和沉淀的混合物通过过滤器时，沉淀留在过滤器上方，溶液则通过过滤器而滤入容器中，过滤所得的溶液称为滤液。

二、过滤介质

1. 滤纸

化学实训室中常用滤纸分为定量滤纸和定性滤纸两种。用于重量分析的滤纸是定量滤纸。定量滤纸又称无灰滤纸，生产过程中用稀盐酸和氢氟酸处理过，其中大部分无机杂质都已被除去，每张滤纸灼烧后的灰分不大于滤纸质量的 0.003%（小于或等于常量分析天平的感量），在称量分析法中可以忽略不计。定性滤纸主要用于一般沉淀的分离，不能用于重量分析。

按过滤速度和分离性能的不同，滤纸又可分为快速、中速和慢速三类，在滤纸盒上分别以白带、蓝带和红带作为标志。

滤纸的规格与主要技术指标：滤纸外形有圆形和方形两种。常用的圆形滤纸有 7cm、9cm、11cm 等规格。方形滤纸都是定性滤纸，有 $60cm \times 60cm$、$30cm \times 30cm$ 等规格。滤纸产品按质量分为 A 等、B 等、C 等，A 等定性、定量滤纸产品主要技术指标见表 3-1。（详细参照国家标准《化学分析滤纸》GB/T 1914—2007)。

表 3-1　等定性、定量滤纸产品的主要技术指标及规格

指标		快速	中速	慢速
过滤速度/s	≥	35	70	140
型号　定性滤纸		101	102	103
定量滤纸		201	202	203
分离性能(沉淀物)		氢氧化铁	碳酸锌	硫酸钡(热)
湿耐破度/mmH$_2$O	≥	130	150	200
灰分/%　定性滤纸	≤		0.13	
定量滤纸	≤		0.009	
铁含量(定性滤纸)/%	≤		0.003	
定量/(g/m^2)			80.0±4.0	
圆形纸直径/cm			7、9、11、12.5、15、18、22	
方形纸尺寸/cm			60×60、30×30	

注：1. 过滤速度是指把滤纸折成 60°角的圆锥形，将滤纸完全浸湿，取 15mL 水进行过滤，开始滤出的 3mL 不计时，然后用秒表计量滤出 6mL 水所需要的时间。

2. 定量是指规定面积内滤纸的质量，这是造纸工业术语。

3. 1mmH$_2$O＝9.806375Pa。

2. 其他介质

织物介质：滤纸、棉、麻、丝。多孔性固体介质：陶瓷、玻璃、金属、高分子材料烧成多孔固体过滤介质。微孔滤膜：由高分子材料制成的薄膜状多孔介质。

溶液的温度、黏度、过滤时的压力、过滤器的孔隙大小和沉淀物的状态等，都会影响过滤的速度，实验中应综合考虑多方面因素，选择不同的过滤方法。

三、过滤分类

常压过滤（外力为自身重力）；加压过滤（外力为机械压力）；减压抽滤（外力为通过抽滤泵产生真空）；离心力过滤（外力为机械高速旋转产生离心力）。

常用的过滤方法有常压过滤、减压过滤和趁热过滤三种。

【工作任务一】粗盐水过滤

一、方法

常压过滤（图 3-1）。

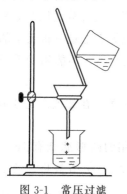

图 3-1　常压过滤

二、操作步骤

1. 先把滤纸对折两次（若滤纸为方形，此时应剪成扇形），打开成圆锥形，将一边为三层，一边为一层的滤纸放入漏斗中，若滤纸与漏斗不密合，应改变滤纸折叠的角度，直到与漏斗密合为止。再把三层的外面两层撕去一小角，用食指把滤纸按在漏斗内壁上，滤纸的边缘应略低于漏斗边缘3～5mm。用少量蒸馏水润湿滤纸，赶去滤纸与漏斗壁之间的气泡。

2. 将漏斗放在漏斗架或铁圈上，下面放接收容器（如烧杯），使漏斗颈下端出口长的一边紧靠容器壁。

3. 将要过滤的溶液沿玻璃棒慢慢倾入漏斗中（玻璃棒下端对着三层滤纸处），先转移溶液，后转移沉淀。每次转移量不能超过滤纸容量的2/3，然后用少量洗涤液（纯化水）淋洗盛放沉淀的容器和玻璃棒，将洗涤液倾入漏斗中。如此反复淋洗几次，直至沉淀全部转移至漏斗中。

4. 若需要洗涤沉淀，可用洗瓶使细小缓慢的洗涤液沿漏斗壁，从滤纸上部螺旋向下淋洗，绝对不能快速浇在沉淀上，待洗涤液流完，再进行下一次洗涤。重复操作2～3次，即可洗去杂质。

过滤操作特点：一贴、二低、三靠。

【工作任务二】乙酰苯胺脱色

一、方法

趁热过滤：当晶体溶解度随温度变化率很大时，溶液必须趁热进行过滤。例如经过脱色处理的溶液必须趁热进行过滤，以除去不溶性杂质和活性炭，过滤速率越快越好，否则，较多的晶体就会在滤纸上析出，堵塞滤纸孔隙，造成过滤困难和产物损失（图3-2）。

二、操作步骤

1. 过滤器的准备

为了加快过滤速率，可采用以下两种方法：一是使用保温漏斗，二是使用菊花形滤纸。菊花形滤纸的折法如下。

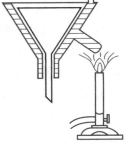

(1) 先将一张圆滤纸对折成半圆形，得折痕1-3，再将半圆向内折成二等分，得折痕2-4，然后2-3与2-4对折得折痕2-5，2-1与2-4对折得折痕2-6。

(2) 2-3与2-6对折得折痕2-7，2-1与2-5对折得折痕2-8。

图3-2　趁热过滤

(3) 2-3与2-5对折得折痕2-9，2-1与2-6对折得折痕2-10。

(4) 从上述折痕的相反方向分别把相邻的折痕都对折一次，得到双层的扇形。

(5) 打开双层，即得菊花形滤纸。

菊花形滤纸折好后放入漏斗中，注意滤纸的边缘应比漏斗边低一点。为了防止趁热过滤时在滤纸上析出较多晶体，使用前应将短颈玻璃漏斗放入保温漏斗中，并在保温漏斗的夹套中加满水，把夹套中的水加热，加热的温度尽可能高些，但不能超过溶剂的沸点，否则，将会导致溶剂沸腾挥发，结晶析出。

2. 过滤液的制备

取5g乙酰苯胺粗品，放入250mL的烧杯中，先加入100mL水，加热溶解，待稍冷片刻后，加入0.3g活性炭，搅拌均匀，继续加热5min。

3. 过滤

然后趁热过滤，将活性炭和不溶性杂质除去。

4. 洗涤

用温的溶剂少量淋洗。

【工作任务三】　中药水提液过滤

一、方法

减压过滤（抽滤）：结晶析出后，减压过滤可以加快过滤速率，并使晶体与母液分离得较为安全，所得到的晶体也较为干燥。减压过滤装置（图 3-3）一般由布氏漏斗、抽滤器、安全瓶、真空泵四部分组成。

图 3-3　减压过滤（抽滤）

二、操作步骤

1. 在布氏漏斗的底部铺上一层直径略小于布氏漏斗内径的滤纸，用少量溶剂润湿滤纸，开启真空泵，将滤纸吸紧。

2. 用玻璃棒把固体和溶液搅拌均匀，将待分离物分批倒入漏斗中，并用少量滤液洗出黏附在容器上的固体，一并倒入漏斗中。当母液流尽后，用玻璃棒将漏斗边缘的结晶移向中间，并用玻璃塞挤压晶体，使母液尽量抽干。

3. 停止抽滤时，要先把安全瓶上的活塞打开后再关闭真空泵，否则真空泵中的水有可能倒吸入安全瓶内。

【知识拓展】

助滤剂

由于固体颗粒在过滤过程中有"架桥"现象而形成可压缩滤饼，这种滤饼可对过滤产生阻力，为了减小这种阻力，可采用助滤剂改变滤饼结构以提高过滤速率。助滤剂是有一定刚性的粒状或纤维状固体，常用的有硅藻土、活性炭、纤维粉、珍珠岩粉。助滤剂的使用方法有两种：一种是把助滤剂按一定比例直接分散在待过滤的混悬液中，另一种是把助滤剂单独配成混悬液先行过滤，在过滤介质表面形成助滤剂预涂层，然后再过滤。

【问题讨论】

常用的过滤方法有哪些，各有什么特点和适用范围？

项目二　结晶与重结晶技术

【实训目的】

1. 了解结晶与重结晶的原理。

2. 掌握结晶与重结晶操作方法。

【必备知识】

一、基本概念

1. 定义

使溶质从过饱和溶液中形成晶体状态析出的过程称为结晶。对含有较多杂质不纯的晶体进一步精制成较纯的晶体的过程称为重结晶，又称再结晶。根据混合物组分，溶解度随温度变化率不同，分为蒸发溶剂重结晶、冷却重结晶。

2. 意义

（1）分离纯化固体物质。具有结晶性物质通过创造适宜的条件可以形成结晶，晶体是分子、原子或离子按一定方式排列，形成有规则的多面体外形。只有同类分子或原子才能规则地排列成晶体。因此，结晶可以使溶质从复杂的母液中析出，再通过固液分离、洗涤等操作，得到纯度较高的产品。

（2）固化产品。结晶一方面纯化了产品，同时也完成了将产品从溶质状态直接变为固体的过程，因此，结晶也是固体制造技术中的关键步骤。

（3）制备不同晶型。不同物质具有不同的晶型，同一物质由于结晶条件不同，所形成结晶的形状、大小、颜色、熔点不同，溶解度也不同。在药物制剂工业中，为了适应不同的需要，如稳定性、生物利用度等，常需通过创造条件以制备所需的晶型。

低沸点的溶剂对被提纯物的溶解度大，高沸点的溶剂对被提纯物的溶解度小。

二、结晶过程

1. 结晶溶液的制备

结晶溶液一般是过饱和溶液。通常将需结晶物质置于圆底烧瓶中，加上所需溶剂适量（一般通过查资料或小实验确定溶剂的种类及用量），用回流装置加热回流至全部溶解，如需脱色加适量粉状活性炭（2%），再一起回流10～20min（注意：待溶液稍微冷却后再加入活性炭，并且要补加沸石，以免造成暴沸）。

2. 过饱和溶液的形成

结晶的首要条件是溶液处于过饱和状态，过饱和度可直接影响结晶速率和晶体质量，要想获得理想的晶体，必须掌握过饱和溶液的形成方法，根据药物溶解度随温度变化的变化率的情况等，工业生产制备过饱和溶液的常用方法有以下几种。

（1）蒸发法。蒸发法是借蒸发除去部分溶剂而使溶液达到过饱和的方法。加压、常压或减压条件下通过加热使溶剂部分汽化而达到过饱和。适用范围：溶解度随温度变化不显著的药物，遇热不分解、不失活的药物。

（2）冷却法。冷却法是指使溶液冷却降温成为过饱和溶液，包括自然冷却和强制冷却。冷却法适用于溶解度随温度降低而显著减小的药物。

（3）真空蒸发冷却法。真空蒸发冷却法又称绝热蒸发法，其原理是使溶剂在减压条件下蒸发而绝热冷却，实质上是通过冷却和去除部分溶剂两种效应来产生过饱和度。此法适用于溶解度随温度变化介于蒸发和冷却之间的药物结晶分离。

（4）改变溶剂极性法。先用对溶质溶解度较大的溶剂将溶质溶解，再向溶液中滴加少量的对溶质溶解度较小的溶剂，边加边摇匀，加至溶液出现浑浊，再稍加热至澄清。

3. 析晶

一般自然冷却溶液，敞开容器盖，待有少许结晶出现，再塞上。冰箱中或室温放置析晶，如果放置许久仍未有析晶，可以采取下列措施帮助产生晶种：

（1）用玻璃棒摩擦容器内壁；

（2）加入少许晶种；

（3）其他物理诱导，如电磁场、超声波、紫外线等。

4. 晶体的过滤与洗涤

将析出结晶的冷溶液和结晶的混合物，用抽滤法分出结晶，瓶中残留的结晶可用少量滤液冲洗数次并移至布氏漏斗中。把母液尽量抽尽，必要时可用玻璃铲或玻璃棒把结晶压紧，以便抽干结晶吸附的含杂质的母液。然后打开安全瓶活塞停止减压。如果结晶较多，在加入洗涤液前，可用镍勺将结晶轻轻掀起并加以搅动，使得加入洗涤液全部润湿晶体，然后再抽干以增加洗涤效果。用镍勺将结晶移至干净的表面皿上进行干燥。

【工作任务一】 粗盐的提纯

一、方法

蒸发溶剂重结晶

二、操作步骤

1. 称量

在托盘天平上称取 5.5g 粗食盐。

2. 溶解

用量筒量取 20mL 水倒入烧杯中，加入称取的粗食盐，用玻璃棒轻轻搅拌直至粗食盐完全溶解。

3. 过滤

用漏斗和滤纸制作过滤器，然后过滤粗盐水。观察滤液是否澄清，如果还浑浊，应再过滤一次。

4. 蒸发

将滤液倒入蒸发皿，把蒸发皿放到铁架台的铁圈上，蒸发皿与铁圈之间垫石棉网。调节铁圈的高度，用酒精灯加热，并用玻璃棒搅拌液体，至液体接近蒸干时停止加热。利用余热将水分蒸干。

5. 计算精盐的产率

待蒸发皿冷却后，用玻璃棒将制得的精盐转移到称量纸上，与粗盐进行比较。然后用天平称量，计算精盐的产率。

$$产率 = \frac{精盐质量}{粗盐质量} \times 100\%$$

【工作任务二】 乙酰苯胺重结晶

一、方法

冷却重结晶

二、操作步骤

1. 取 5g 乙酰苯胺粗品，放入 250mL 的烧杯中，先加入 50mL 水，加热溶解。如固体未完全溶解，用滴管补加水，直到固体全部溶解。

2. 待稍冷片刻后，加入 0.3g 活性炭，搅拌均匀，继续加热 5min。

3. 然后趁热过滤，将活性炭和不溶性杂质除去。

4. 滤液分两份，一份用冰水迅速冷却，另一份静置自然冷却。观察两种晶体的不同形状。

5. 待晶体全部析出后，合并两种晶体和滤液进行抽滤，用少量水洗涤晶体两次，干燥，称重计算回收率。

注：乙酰苯胺熔点为189℃。

【知识拓展】 结晶溶剂的选择

一、理想的溶剂必须具备的条件

1. 不与被提纯的成分发生化学反应。

2. 对被提纯成分的溶解度随温度不同有显著差异，热时溶解度大，冷时溶解度小。

3. 存在的杂质无论冷热溶解度都很大或很小。

4. 溶剂沸点不宜过高或过低。

5. 能给出较好的结晶。

6. 无毒或毒性小。

二、用于结晶和重结晶的常用溶剂

水、甲醇、乙醇、异丙醇、丙酮、乙酸乙酯、氯仿、冰醋酸、二噁烷、四氯化碳、苯、石油醚等。此外，甲苯、硝基甲烷、乙醚、二甲基甲酰胺、二甲基亚砜等也常使用。二甲基甲酰胺和二甲基亚砜的溶解能力大，当选择不到适当的常用溶剂时，可以选用两种或两种以上溶剂配成的混合溶剂。

【问题讨论】

1. 加活性炭脱色应注意哪些问题？

2. 抽滤操作应注意什么？

3. 如何证明重结晶提纯后的产品是否纯净？

项目三　萃取技术

【实训目的】

1. 认知萃取原理。

2. 掌握用分液漏斗进行分离提取的操作。

【必备知识】

一、基本概念

萃取是有机化学实验中用来提取或纯化有机化合物的常用操作之一。应用萃取可以从固体或液体混合物中提取出所需要的物质，也可以用来洗去混合物中的少量杂质。通常称前者为提取或萃取，后者为洗涤。

二、萃取分类

萃取大致分为以下三类。

1. 液-液萃取

液-液萃取是利用物质在两种互不相溶（或微溶）溶剂中的溶解度不同，使物质从一种溶剂转移至另一种溶剂中的过程。经过反复多次萃取，可达到分离纯化的目的。

2. 洗涤萃取

洗涤萃取是利用萃取剂能与被提取物质发生化学反应达到分离的目的。常用的这类有5%氢氧化钠，5%的碳酸钠和碳酸氢钠，稀盐酸或稀硫酸或浓硫酸等。碱性萃取剂可从有机相中萃取有机酸或除去酸性杂质，酸性萃取剂可从有机相中萃取有机碱或除去碱性杂质，浓硫酸可除去饱和烃或卤代烃中的不饱和烃、醇醚等。

3. 液-固萃取

固体物质的萃取，通常是用长期浸出法或采用脂肪提取器（索氏提取器）。

三、仪器及操作

在实验中最常见的是用分液漏斗来进行萃取分液或洗涤，现将分液漏斗的操作简介如下。

1. 选用的分液漏斗的体积应较液体体积至少大一倍，并检查它的活塞和顶塞的磨口是否匹配。取出活塞，擦干活塞及磨口，薄薄地涂上一层润滑脂（注意：不要塞住活塞孔眼），漏斗口的塞子不涂，然后用少量的水检查是否漏液。

2. 将分液漏斗放在铁架上的铁圈中，关好活塞，把溶液和萃取的溶剂加入分液漏斗中，萃取溶剂的体积一般为溶液体积的1/3～1/2。塞好塞子，取下分液漏斗，倒转，开启活塞，排除气体，关妥活塞后，先轻轻振摇，并开启活塞排气。然后再剧烈振摇1～2min，放气。

3. 将分液漏斗放在铁圈中静置分液，取下漏斗口的塞子，让下层液体自活塞缓缓流下（在接近两层交界的液面时一定要慢放）。然后将上层液体从漏斗上口倒出。重复3次。

4. 萃取完毕后，分液漏斗应立即洗净，活塞拆下洗净，擦干，塞上纸片。

【工作任务】

一、萃取碘液

1. 分液漏斗准备工作

2. 取碘液 20mL 置于分液漏斗中，加四氯化碳 20mL。

3. 取碘液 20mL 置于分液漏斗中，加四氯化碳 20mL（四氯化碳分三次加入：10mL、6mL、4mL）。

二、分离苯甲酸和甲苯的混合物

1. 将苯甲酸和甲苯的混合物 25g 置于分液漏斗中，加 15mL 3mol/L 氢氧化钠，振摇萃取。重复 3 次。

2. 在水层中，慢慢滴加浓盐酸并不断搅拌，至刚果红试纸显蓝色，置冰水浴中充分冷却，抽滤，沉淀用少量冷纯化水洗涤两次。抽干、干燥。

3. 甲苯层在分液漏斗中用 10mL 纯化水洗涤一次，静置分液。甲苯层从漏斗口倒入锥形瓶，加 2～3g 无水氯化钙干燥（蒸馏分离）。

三、清场工作

（1）药品归位。

（2）洗净、收好分液漏斗（注意：垫上纸条再将活塞放进去）。

（3）整理桌面。

【知识拓展】

一、萃取原理

在一定温度下，有机物在两种互不相溶的溶剂中的浓度比是一个定值，称为"分配定律"。

$$K = \frac{c_A}{c_a}$$

式中，c_A 和 c_a 表示一种物质在两种互不相溶的溶剂中的浓度；K 为分配系数，可近似地看成此物质在两种溶剂中溶解度之比。设在 $V \text{mL}$ 的水中溶解 $W_0 \text{g}$ 的有机物，每次用 $S \text{mL}$ 有机溶剂萃取，假如萃取一次后有 $W_1 \text{g}$ 剩余在水中，则在水中的浓度和在有机相中的浓度分别为 W_1/V 和 $(W_0 - W_1)/S$，二者之比即为 K：

$$K = \frac{\dfrac{W_1}{V}}{\dfrac{W_0 - W_1}{S}}$$

即：

$$W_1 = W_0 \frac{KV}{KV + S}$$

萃取 n 次剩余量为 W_n：

$$W_n = W_0 \left(\frac{KV}{KV + S} \right)^n$$

由上可知，把有机溶剂分成 n 份做多次萃取，比用全量做一次萃取效果好。一般以 3 次为宜。

例如：在 100mL 水中有 4g 正丁酸，15℃时用 100mL 苯萃取，设已知 15℃时正丁酸在水和苯的分配系数 $K = 1/3$。则用 100mL 一次萃取后在水中的剩余量为 $W_1 = 1.0 \text{g}$；若分 3 次萃取则水中的剩余量为 $W = 0.5 \text{g}$。

二、液-液萃取溶剂的选择原则

（1）所选溶剂应难溶（或几乎不溶）于水。
（2）溶剂与水和提取物质不发生化学反应。
（3）被提取物在溶剂中的溶解度应比在水中大得多。
（4）溶剂易于回收，价廉，毒性小。

一般水溶性较小的物质可用石油醚萃取，水溶性较大的物质可用乙醚萃取，水溶性更大者可用乙酸乙酯萃取。萃取时，溶剂或多或少溶于水，故萃取时，溶剂第一次的用量应比以后几次的多一点。

三、乳化现象

萃取时（特别是碱性的条件萃取时）常会发生乳化现象，有时会产生轻质絮状沉淀。可采用充分静置、加电解质等方法处理，由于盐效应而降低有机物在水中的溶解度，以破坏乳化，或加少量乙醇、酸或碱破坏乳化。

【问题讨论】

1. 萃取的原理是什么？

2. 在实验中用分液漏斗进行萃取或洗涤，应注意什么问题？

项目四　蒸馏技术

【实训目的】

1. 了解普通蒸馏的原理。
2. 掌握普通蒸馏的操作、测定沸点的意义及应用。

【必备知识】

一、基本概念

液体加热至沸腾变成蒸气，再将蒸气冷凝为液体的过程为蒸馏。蒸馏是分离、纯化液体有机化合物的一种重要方法。通过蒸馏可将沸点不同的液体混合物分离开来（混合物各组分沸点至少相差30℃）。

在一定的温度下，液体物质的蒸气压是一定的，不受液体表面大气压的影响。当液体物质受热，温度不断升高时，液体蒸气压随之增大，当其蒸气压增大到与外界大气压相等时，则有大量气泡从液体内部逸出，即液体开始沸腾，此时的温度称为该液体的沸点。蒸馏时馏液开始滴出时的温度和最后一滴馏液流出时的温度范围，称为沸点范围，也叫沸程。纯净物的沸程很小，一般为 0.5～1℃。通过蒸馏可以测定液体化合物的沸点。一般欲测物质在 10mL 以上时，可用蒸馏测定沸点（常量法）。混合物没有固定的沸点，沸程也较大。所以，利用蒸馏方法可以测定有机化合物的沸点，并确定物质的纯度。

二、蒸馏装置

普通蒸馏装置主要包括三个部分：蒸发、冷凝、收集，如图3-4所示。

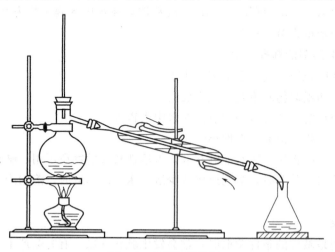

图 3-4　普通蒸馏装置

1. 蒸发部分

所用仪器为蒸馏烧瓶（圆底烧瓶、蒸馏头组装），液体在瓶内受热汽化。蒸气经馏头支管馏出，蒸馏瓶内的液体不宜少于容器的 1/3，也不宜多于 2/3。蒸馏液太多，易从支管冲出，太少则易因蒸气存于容器内之量过多，而收集减少。蒸馏头上口插有套管温度计，温度计的水银球上限与蒸馏头支管口下限齐平，温度计应插在正中，不得与瓶壁相接触。温度计的选择一般较蒸馏液体的沸点高20℃为宜。

2. 冷凝部分

所用仪器为冷凝器（如空气冷凝管、直型冷凝管、球型冷凝管、蛇型冷凝管等），蒸气在此部分冷凝。液体的沸点在130℃以上者用空气冷凝器，低于130℃者用水冷凝器。蒸馏低沸点的液体时，应选择长的直型冷凝器。

3. 收集部分

一般用锥形瓶或圆底瓶作接收器，为了防止馏出液挥发损失，在冷凝器末端连接一接液管（牛角管），将馏出液引入接收瓶中，整个系统不能封闭，必须与大气相通。

【工作任务一】 蒸馏装置安装及操作

1. 安装顺序一般是自下而上，自左而右。依次为铁台架、铁圈、石棉网、蒸馏瓶，蒸馏瓶用十字夹或铁夹夹紧。冷凝管与蒸馏头支管应调节在同一直线上，然后松开冷凝管铁夹，移动冷凝管，使它与蒸馏头支管相接。最后接上接液管和接收瓶。整个装置要求：正看成一面，侧看成一线。拆卸装置时次序相反。

2. 安装好仪器后，将待蒸馏液通过玻璃漏斗加入蒸馏瓶中（注意不要使液体从蒸馏头支管流出）。加几粒沸石做止暴剂，插上套管温度计，再一次检查仪器的各部分连接是否紧密和妥善。

3. 进行蒸馏前，至少要准备两个洁净、干燥的接收器，因为在达到需要物质的沸点前，常有沸点较低的液体先蒸出。这部分馏出液称为"前馏分"或"馏头"。前馏分蒸完，温度趋于稳定后，蒸出的就是较纯的物质，这时应更换一个接收器接收，记下这部分液体开始馏出时和最后一滴的温度读数，即是该馏分的沸程。

4. 打开水管使水自下而上缓缓流过冷凝管，然后开始加热，当温度上升达到沸点时，水银球上的液滴与蒸气达到平衡，此时温度计的读数就是沸点。控制加热温度，通常以每秒钟蒸出1～2滴为宜。火焰过大，会在蒸馏瓶底部造成过热现象，导致温度计读数偏高。但蒸馏也不能进行得过慢，否则会由于温度计的水银球不能被馏出液蒸气充分浸润而使温度计读数偏低或不规则。

5. 一般液体中或多或少含有一些高沸点杂质，在所需馏分蒸出后，若再继续升高温度，温度计读数就会显著升高；若维持原来温度就不会再有馏分蒸出，温度会突然下降，这时就应停止蒸馏。即使杂质含量极少，也不要蒸干，以免蒸馏瓶破裂及发生其他意外事故。

6. 蒸馏完毕，应先停止加热，然后停止通水，再拆下仪器。

【工作任务二】 测定丙酮的沸点

1. 安装仪器。

2. 取丙酮20mL加入蒸馏瓶中（通过普通漏斗加入，注意勿使液体从支管流出）。加入2～3粒沸石，塞好带有温度计的塞子。

3. 通入冷凝水，水浴加热（开始时升温速度可稍快些），注意观察蒸馏瓶中的现象和温度计读数的变化，当瓶内液体开始沸腾时，蒸气前沿逐渐上升，达温度计时，温度计读数急剧上升。此时适当降低升温速度，使温度略微上升，让水银球上的液滴和蒸气达到平衡，然后再调节升温速度，控制流出的液滴以每秒钟 1~2 滴为宜。当温度升至 56℃时，换一个已称量的干燥锥形瓶作接收器，收集 56~58℃的馏分。

4. 当瓶中只剩下少量液体（约 0.5mL）时，维持原来的加热速度，温度计读数会突然下降，即可停止蒸馏（不应将瓶中液体完全蒸干）。称重，计算回收率。

5. 另取 7~8mL 丙酮，加 7~8mL 水，混合均匀，加几粒沸石进行蒸馏，记录此混合液体的沸程，与上面实验结果进行比较，并作出结论。

6. 清场工作。药品归位、拆卸装置、清理桌面。

【知识拓展】

（1）沸点的测定，可以根据沸程的大小判断其纯度。但某些有机化合物和其他物质按一定比例组成的混合物也有一定的沸点。例如：95.6%的乙醇和 4.4%的水组成的恒沸混合物，沸点为 78.15℃。不纯物质的沸点，取决于杂质的物理性质以及它和纯物质间的相互作用。

（2）实验室中测定沸点时，由于大气压不一定刚好为 760mmHg，因此，测得的值需按下列公式换算成标准大气压下的沸点：

$$T_c = T_0 + 0.043 \times (760 - p)$$

式中　　T_c——校正的沸点；

　　　　T_0——测得的沸点；

　　　　p——测定沸点时的大气压，mmHg。

（3）液体的沸程可以代表它的纯度，纯粹液体的沸程一般不超过 1~2℃。对合成实验产品因大部分从混合物中采用蒸馏提纯，由于蒸馏的分离能力有限，故一般收集的沸程，可根据要求而定。

【问题讨论】

1. 普通蒸馏的原理和目的是什么？

2. 欲蒸馏 60mL 甲醇（沸点为 65℃），如何选择仪器及热源？

3. 什么是沸点？从丙酮、丙酮和水混合物的蒸馏结果可以得出什么结论？

项目五　分馏技术

【实训目的】

1. 认识分馏原理。

2. 掌握分馏方法。

【必备知识】

一、基本概念

分馏是分级蒸馏的简称。应用分馏柱来使几种沸点相近，彼此互溶而又不形成恒沸混合物的液体进行分离的方法称分馏。

将不同沸点的液体所组成的混合物加热时，沸点低的液体较易挥发，在蒸气中占有较大的比例，将蒸气冷凝收集，所得馏分中低沸点的成分也就较多，这就进行了一次普通蒸馏。若将馏分重复这种操作，最后就可以把低沸点的成分和高沸点的成分分开。

分馏法实质上把需要反复进行多次蒸馏方能分离的操作，利用分馏柱来完成。分馏柱的作用是增加蒸气和冷凝液的接触机会，当混合物蒸气经过分馏柱时，其中挥发性小（沸点高）的成分容易冷凝成液体流下，当流下的冷凝液与继续上升的蒸气在分馏柱中接触时，二者之间进行了热量交换，下降的冷凝液由于不断受热使其中低沸点的成分不断汽化，汽化时吸收了热量，而使高沸点成分更易冷凝下来。这样，上升的蒸气在分馏柱中不断地冷凝、蒸发，进行一次又一次平衡。每次平衡后，蒸气中的低沸点成分就不断增加，结果低沸点的成分就被蒸馏出来。这样，经过一次分馏，实质上就相当于连续多次的普通蒸馏，因此，能够有效地分离沸点不同的某些混合物。

二、实验装置

实验室中常用的分馏装置如图 3-5 所示。

【工作任务】 分馏丙酮和乙醇

1. 装好分馏装置，分馏柱外可用石棉绳包裹进行保温。准备 4 只锥形瓶为接收器。

2. 100mL 蒸馏瓶中，分别加入 25mL 丙酮和 25mL 乙醇，再加 2 粒沸石。

3. 水浴进行加热，液体沸腾后，调节热源温度恒定，记录第一滴馏出液滴出时的温度，控制流出速度为每秒 2～3 滴。当温度恒定时更换第二只接收器，并记录温度计读数。当温度计读数急剧下降时，说明混合液中低沸点组分已蒸完，换第三只接收器，继续加热，温度计读数迅速升高，温度计读数又恒定时，换第四只接收器，并记录温度计读数。

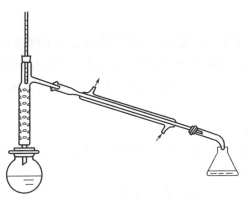

图 3-5 分馏装置

4. 待瓶内仅剩少量液体时，停止加热，放冷后，拆卸装置，计算回收率。

5. 清场工作。

【知识拓展】

一、选择分馏柱

分馏的关键在于选择适当的分馏柱。对分馏柱的要求不是愈高愈好，而是选择得恰如其分。对某一分馏对象来说，如果分馏柱的分馏能力低了，就不能达到预期的分馏效果，但如果分馏能力太高，由于回流的液体太多，蒸馏的速度大为降低，浪费了很多热量和时间。

分馏柱的分馏能力和效率，分别用"理论塔板值"（theoretical plate number）和理论塔板等级高度（height equivalent to theoretical plate，HETP）来表示。

1. 理论塔板值

简单地说，一个理论塔板值就是相当于一次简单的蒸馏。理论塔板值愈高，分馏柱的分馏能力愈强。如一个分馏柱的分馏能力为六个理论塔板值（$n=6$），那么通过这个分馏柱所得的结果，便相当于六次简单蒸馏。

2. 理论塔板值等级高度

它表示一个理论塔板值所相当的分馏柱的高度。HETP＝分馏柱的有效高度/理论塔板值。如一个分馏柱高度为 40cm，理论塔板值为 20，则它的 HETP 便是 2cm。一个分馏柱的 HETP 愈低，它的单位长度分馏效率就愈高。

二、操作注意事项

分馏要达到较好的效果，操作上应注意以下问题。

1. 选择合适的回流比

分馏时，回流物和馏出物需要有一个适当的比例，即回流比（同一时间内回流物与蒸出物之比）。它可由温度来控制。回流比小，蒸发的蒸气大部分被冷凝收集，显然分离效率不高。回流比太大，分离效率高，收集馏分液的量太少，分馏的速度太慢。

2. 分馏柱保持一定的温度梯度

蒸馏速率指的是单位时间内，物料到达分馏柱顶的量，常用 mL/min 表示。分馏时，在柱内保持一定的温度梯度是十分重要的，而柱内温度梯度的保持是通过恰当调节蒸馏速率建立起来的。若加热太猛，蒸出速度太快，整个柱体自上而下几乎没有温差，这就达不到分馏的目的。

3. 防止发生液泛

液泛是指蒸馏速率增至某一程度时，上升的蒸气能将下降的液体顶回去，破坏了气液平衡，破坏了回流及回流比，降低了分离效率。若注意保温和控制加热速度，可防止液泛。常压分馏开始前，在全回流的情况下，液泛 2～3 次使分馏柱中填料充分润湿，才能正常发挥分馏效果。

4. 控制分馏柱的附液量

分馏时留在柱中（包括填料上）液体的量即为分馏柱的附液量。附液越小越好，最大不应超过被分馏组分的体积的 10％。

5. 必须尽量减少分馏柱的热量散失和波动

由于分馏柱内要进行多次气液热交换，因此分馏柱需要保温以维持这种动态平衡。在分馏温度较低或分馏要求较低时，用石棉绳缠在分馏柱外即可达到初步的保温目的。

一般液体混合物沸点如相差在 30℃ 以上，则可以不用分馏柱；如果相差在 25℃ 左右，可用一般分馏装置；相差在 10℃ 左右，则需要更精细的分馏装置。

【问题讨论】

1. 分馏与简单蒸馏有什么区别？

2. 为什么分馏时的柱身要保温？

3. 加热速度快，柱内温度梯度变小还是变大？

项目六　水蒸气蒸馏技术

【实训目的】

1. 了解水蒸气蒸馏原理。
2. 掌握水蒸气蒸馏操作。

【必备知识】

一、基本概念

水蒸气蒸馏是将水蒸气通入不溶于水的有机物中，使有机物与水经过共沸而蒸出的操作过程。它是分离和提纯有机物的常用方法之一。

使用这种方法，被提纯化合物应具备下述条件：

1. 不溶（或几乎不溶）于水；
2. 在沸腾下与水长时间共存而不起化学变化；
3. 在 100℃ 左右需有一定的蒸气压（一般不小于 13.33kPa，10mmHg）。如遇蒸气压低的有机化合物时，通入过热蒸气进行水蒸气蒸馏。

一般在下述情况下采用水蒸气蒸馏法：

1. 有机物在其沸点温度时容易破坏（分解、变质等）的分离；
2. 植物药中可随水蒸气蒸馏成分的提取，如挥发油、某些小分子生物碱（麻黄碱、烟碱等）的提取，其分离效果较一般蒸馏或重结晶的效果好；
3. 用其他方法分离有机物，在操作上存在一定困难时，例如，用醚提取碱液中的有机物，易形成乳状物而难分层。

二、实验装置安装

【工作任务】　操作练习

1. 安装好装置，见图3-6。

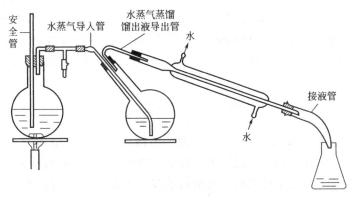

图 3-6　水蒸气蒸馏

2. 在水蒸气发生器中，加入不超过其容量 3/4 的水和几颗沸石。
3. 在圆底烧瓶中加入 25g 剪碎橘皮，再加入少量的水，瓶内液体总体积不得超过其容积的 1/3。

4. 打开 T 形管上螺旋夹，加热水蒸气发生器使水至沸，然后关闭螺旋夹，水蒸气蒸馏就开始进行。控制蒸馏速度为每秒 2～3 滴。

有时部分水蒸气会在烧瓶内冷凝，并使瓶内液体体积不断增加，如瓶内液体将超过其总容积的 1/3 时，就应用酒精灯隔石棉网加热烧瓶。

5. 当馏出液澄清透明时，停止蒸馏。

6. 蒸馏中断或完毕时，必须先打开 T 形管上螺旋夹，才可去火。否则液体会逆流入水蒸气发生器内。

7. 清场工作。

【知识拓展】

道尔顿分压定律

当水和不（或难）溶于水的化合物一起存在时，整个体系的蒸气压力根据道尔顿分压定律，应为各组分蒸气压之和。即 $p = p_A + p_B$，其中 p 为总的蒸气压，p_A 为水的蒸气压，p_B 为不溶于水的化合物的蒸气压。当混合物中各组分的蒸气压总和等于外界大气压时，混合物开始沸腾。这时的温度即为它们的沸点。所以混合物的沸点比其中任何一组分的沸点都要低些。因此，常压下应用水蒸气蒸馏，能在低于 100℃ 的情况下将高沸点组分与水一起蒸出来。蒸馏时混合物的沸点保持不变，直到其中一组分几乎全部蒸出（因为总的蒸气压与混合物中二者相对量无关）。混合物蒸气压中各气体分压之比（p_A，p_B）等于它们的物质的量之比。即

$$\frac{n_A}{n_B} = \frac{p_A}{p_B}$$

式中，n_A 为蒸气中含有 A 的物质的量，n_B 为蒸气中含有 B 的物质的量。而

$$n_A = \frac{m_A}{M_A} \quad n_B = \frac{m_B}{M_B}$$

式中，m_A，m_B 为 A，B 在容器中蒸气的质量；M_A，M_B 为 A，B 的摩尔质量。因此

$$\frac{m_A}{m_B} = \frac{M_A n_A}{M_B n_B} = \frac{M_A p_A}{M_B p_B}$$

两种物质在馏出液中相对质量（也就是在蒸气中的相对质量）与它们的蒸气压和摩尔质量成正比。以溴苯为例，溴苯的沸点为 156.12℃，常压下与水形成混合物于 95.5℃ 时沸腾，此时水的蒸气压力为 86.1kPa（646mmHg），溴苯的蒸气压为 15.2kPa（114mmHg）。总的蒸气压=86.1kPa+15.2kPa=101.3kPa（760mmHg）。因此混合物在 95.5℃ 沸腾，馏出液中二物质之比：

$$\frac{m_{水}}{m_{溴苯}} = \frac{18 \times 86.1}{157 \times 15.2} \approx \frac{6.5}{10}$$

就是说馏出液中有水 6.5g，溴苯 10g；溴苯占馏出物 61%。这是理论值，实际蒸出的水量要多一些，因为上述关系式只适用于不溶于水的化合物，但在水中完全不溶的化合物是没有的，所以这种计算只是个近似值。又例如苯胺和水在 98.5℃ 时，蒸气压分别为 5.7kPa（43mmHg）和 95.5kPa（717mmHg），从计算得到馏液中苯胺的含量应占 23%，但实际得到的较低，主要是苯胺微溶于水所引起的。应用过热水蒸气蒸馏可以提高馏液中化合物的含量，例如：苯甲醛（沸点 178℃），进行水蒸气蒸馏，在 97.9℃ 沸腾［这时 $p_A = 93.7$kPa

（703.5mmHg），p_B＝7.5kPa(56.5mmHg)］，馏液中苯甲醛占 32.1%，若导入 133℃过热蒸汽，这时苯甲醛的蒸气压可达 29.3kPa（220mmHg）。因而水的蒸气压只要 71.9kPa（540mmHg）就可使体系沸腾。因此：

$$\frac{m_A}{m_B}=\frac{71.9\times18}{29.3\times106}=\frac{41.7}{100}$$

这样馏出液中苯甲醛的含量提高到 70.6%。操作中蒸馏瓶应放在比蒸气高约 10℃ 的热浴中。

在实际操作中，过热蒸汽还应用在 100℃ 时仅具有 0.133～0.666kPa（1～5mmHg）蒸气压的化合物。例如在分离苯酚的硝化产物中，邻硝基苯酚可用水蒸气蒸馏出来，在蒸馏完邻位异构体以后，再提高蒸汽温度也可以蒸馏出对位产物。

【问题讨论】

1. 水蒸气蒸馏的原理是什么？
2. 水蒸气蒸馏的各部装置要求和原理是什么？
3. 怎样进行水蒸气蒸馏？

项目七　减压蒸馏技术

【实训目的】

1. 了解减压蒸馏的原理。
2. 掌握减压蒸馏的操作。

【必备知识】

一、基本概念

当液体的蒸气压与外界大气压相等时，液体开始沸腾。此时的温度就是该液体在常压下的沸点。液体沸腾时的温度与外界压力有关，随外界压力的降低而降低，若用真空泵降低蒸馏瓶内液体表面的压力，液体就会在低于其沸点的温度下沸腾，这种在减压下进行蒸馏的操作，称为减压蒸馏。

减压蒸馏是分离和提纯液体（或低熔点固体）有机物的一种重要方式。特别适用于那些在常压下蒸馏时未达沸点就发生变化的物质。

二、实验装置

减压蒸馏系统可分蒸馏、减压两个部分。

（一）蒸馏部分

1. 蒸馏瓶使用减压蒸馏瓶：克氏蒸馏瓶（现由圆底烧瓶、蒸馏头、Y 形管组装），以免减压蒸馏时瓶内液体由于沸腾而冲入冷凝管中。瓶的主颈插入一根末端拉成毛细管的玻璃管，毛细管伸至距瓶底 1～2mm 处，空气经此进入瓶内，可防止液体过热和维持平稳的沸腾（可以在玻璃管上端装一段带螺旋夹的短橡皮管，以调节进入的空气量，毛细管很细时可以不装）。毛细管不要太粗，否则进入的空气太多，瓶内液体会冲起，污染冷凝管，同时系统压力也难以降低。使用电磁搅拌加热减压蒸馏时，由于搅拌子的转动，可以维持均匀沸腾，不会发生暴沸，故可不再装毛细管。

2. 根据蒸出液体的沸点的不同，先用适合的热浴和直形冷凝管，如果蒸馏液体量不多而且沸点高，或是低熔点的固体，也可不用冷凝管，而将克氏烧瓶的支管直接插入接收瓶的球形部分，装置如图 3-7 所示。蒸馏沸点较高的物质时，最好用石棉绳或石棉布包裹在蒸馏瓶的颈部，以减少散热，控制热浴的温度比液体的沸点高 20～30℃。

3. 接收器用圆底烧瓶，切不可用锥形瓶或平底烧瓶，因为它们不耐压，减压时易炸裂。蒸馏时若要收集不同的馏分又不中断蒸馏，则可用双叉或三叉接收管，转动多叉接液管就可以收集不同的馏分。若用油泵进行较高真空度的减压蒸馏时，整个蒸馏系统中有磨口的地方，都应涂上薄薄一层真空油脂，套上内外磨口，旋转至均匀透明，以防漏气（不可多涂，以免污染馏出液）。减压蒸馏中需使用塞子和橡皮管时，应用橡皮塞及耐压的橡皮管。一般橡皮管不耐压，减压时会抽瘪堵塞。

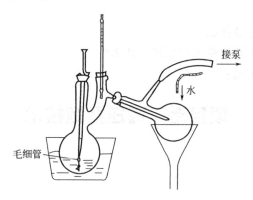

图 3-7　高沸点物的减压蒸馏装置

（二）减压部分

实验室常用水泵或油泵进行减压。

1. 水泵减压蒸馏

它和普通蒸馏装置的不同之处在于它有减压部分，在水泵和减压蒸馏装置之间装置安全瓶预防水压变动，如图 3-8 所示。

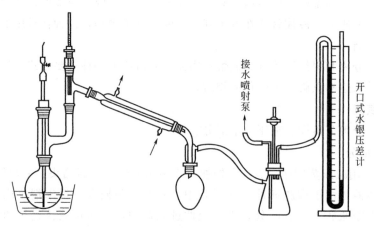

图 3-8　水泵减压蒸馏装置

压力在 760～10mmHg 的粗真空，一般在实验室可用水泵获得。水泵的抽空效率与水压、泵中水的流速及水温有关，水源温度在 20～25℃，水压很强时，水泵可将压力减到 17～25mmHg，这对一般的减压蒸馏已经足够了。由于其操作简单易行，实验室广泛采用。

2. 油泵减压蒸馏

油泵的效能主要取决于泵的材料、结构和泵油的质量，使用油泵应防止有机物蒸气、水和酸气等侵入，因此需要一系列的吸收装置，如图 3-9 所示。

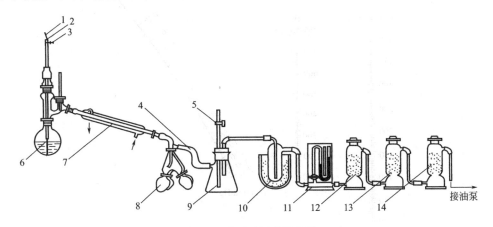

图 3-9　油泵减压蒸馏装置

1—细铜丝；2—乳胶管；3—螺旋夹；4—真空胶管；5—二通活塞；6—毛细管；
7—冷凝器；8—接收瓶；9—安全瓶；10—冷却阱；11—压力计；
12—无水氯化钙吸收塔；13—氢氧化钠吸收塔；14—石蜡片吸收塔

若有机物蒸气或腐蚀性气体吸入油泵内，会使泵油污染，有碍真空的获得。因此，要装配冷却阱和盛有粒状氢氧化钠或碱石灰、无水氯化钙、固体石蜡或粒状活性炭等的吸收塔。冷却剂可根据需要选择冰-水、冰-盐和干冰等。吸收塔的作用分别为：粒状氢氧化钠或碱石灰吸收塔去酸，以避免酸性蒸气对泵机的腐蚀；无水氯化钙或固体石蜡等的吸收塔去水，以免水汽与油形成浓稠状液破坏泵的正常工作。接收器与冷却阱间的安全瓶用以调节体系的内压和解除体系真空时放气用。在用油泵减压蒸馏前，样品必须尽量除去酸气并充分干燥。再用水泵抽去低沸点部分。若发现真空度降低，应换泵油，以免泵机件被腐蚀。

被蒸馏物中含有低沸点物质时，应先进行普通蒸馏，然后用水泵，最后再用油泵减压蒸馏。

【工作任务】　乙酰乙酸乙酯减压蒸馏

1. 安装好仪器装置。

2. 量取乙酰乙酸乙酯 25mL 置于 50mL 圆底烧瓶中（不超过容积的 1/2），旋紧毛细管上的螺旋夹，打开安全瓶上的二通活塞，开动水泵，逐渐关闭二通活塞，观察系统的真空度，记下压力。据图 3-10 查得此压力下乙酰乙酸乙酯的沸点。

3. 开始加热，待液体沸腾时，调节热源，使馏出液慢慢滴入接收瓶（每秒钟 1～2 滴），收集乙酰乙酸乙酯，称量。

4. 蒸馏完毕后，先移去热源，取下热浴，待稍冷后，渐渐打开二通活塞，使系统与大气相通。关闭水泵，拆卸仪器。

5. 清场工作。

【知识拓展】

减压蒸馏时物质的沸点与压力有关，可在文献中查到与降低的压力所对应的沸点。若在文献中查不到减压蒸馏选择的压力所对应的沸点时，则可根据经验关系曲线（图 3-10）找出该物质在此压力下的沸点（近似值）。

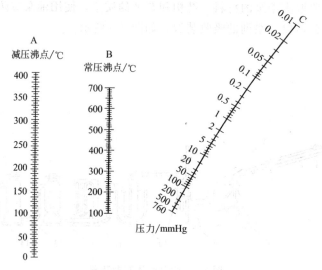

图 3-10　液体在常压下的沸点与减压下的沸点的近似关系图

例如，已知某液体有机物在常压下的沸点是 250℃，当减压至 20mmHg 时，它的沸点是多少？可用一把小尺子通过 B 的 250℃ 和 C 的 20mmHg 点，就可以找到尺子连接 A 的点为 135℃。

又如，根据文献查得，某液体化合物的沸点 10℃/3mmHg，但实验室水泵的真空度只能达到 15mmHg，此时的沸点是多少？将小尺子通过 A 的 10℃ 点和 C 的 3mmHg 点，可以得到尺子通过 B 的点是 160℃，再将尺子通过 B 的 160℃ 点和 C 的 15mmHg 点，则尺子与 A 交于 40℃ 点，即该化合物用真空度为 15mmHg 的水泵减压蒸馏时，将在 40℃ 左右沸腾。

当减压蒸馏在 10～25mmHg 范围内进行时，大体上压力每差 1mmHg，沸点相差 1℃，预先粗略地估计出压力相应的沸点，这对减压蒸馏的具体操作、选择合适的温度计和控制收集馏分等均有好处。

【注意事项】

1. 全部仪器间的接头处都应紧密，否则会漏气，一般多用厚橡皮管与玻璃管相接，所用的橡皮塞也应大小合适。

2. 在蒸馏过程中，如果压力突然升高，多属液体分解所致，此时应停止蒸馏。

3. 操作过程中，特别是看温度时，必须戴上护目眼镜，以免仪器炸裂时受伤。

4. 减压蒸馏时，可用水浴、油浴、空气浴、金属浴等，并使克氏蒸馏瓶的圆球部分至少应有 2/3 浸入热浴中，且底部不应接触浴底，以使受热部分均匀受热。不用直火加热进行减压蒸馏。

【问题讨论】

1. 减压蒸馏的原理是什么？它一般适用于哪些方面？

2. 装置蒸馏部分中插入一根毛细管，其作用是什么？

3. 如何确定样品的收集温度？

4. 为什么减压蒸馏的操作步骤按先减压，再加热，蒸馏完毕，先去热源，通大气，再关水泵的顺序进行？假如蒸馏过程中需要中断时，又如何操作？

【附1】 分馏技术实训考核细则

(AB 两种混合物，其中 A 物质沸点 75℃，B 物质沸点 100℃) 　　　　　　(时间 20 分钟)

序号	项目	考核内容		扣分	
1	准备工作	铁架台 2 台	1.5	1. 损坏仪器扣 10 倍分 2. 多拿或少拿扣分★ 3. 换器材扣 2 倍分★ 4. 温度计的选择★(200℃)	
		夹子 3 组	2		
		刺形分馏柱 1 支	1.5		
		圆底烧瓶 1 个	2		
		温度计 1 支★	3		
		温度计套管 1 支	2		
		直形冷凝管 1 支	2		
		接液管(牛角管)1 支	2		
		锥形瓶 1 个	2		
		水管 2 根	2		
		酒精灯 1 个	2		
		石棉网 1 个	2		
		铁圈 1 个	2		
2	搭装置	准　螺母朝上☆	2	1. 报告老师搭装置 2. 玻璃仪器的损坏 3. 换玻璃仪器扣 2 倍分	
		开口朝外或朝上☆	2		
		温度计水银球的位置★	4		
		循环水接口是否正确★	2		
		夹子夹冷凝管左边 1/3 处★	4		
		稳　铁架台稳☆	2		
		螺母旋紧	2		
		铁夹夹烧瓶磨口位置☆	2		
		接液管的固定	2		
		刺形分馏柱铁架固定	2		
		温度计固定稳妥	2		
		明　加热装置区域明确	2		
		冷凝装置区域明确	2		
		收集装置区域明确	2		
		顺序从左往右从下到上★	4		
		美　侧看成一条线★	4		
		正看一个平面★	4		
		磨口接口是否接好★	4		
		观察玻璃仪器是否有破损	2		
		酒精灯处烧瓶正下方	2		
		铁架台平行★	2		
		夹子在铁架台同一侧☆	2		

序号	项目	考 核 内 容		扣 分	
3	拆卸装置	先酒精灯再关水★	4	★酒精灯先拿走	
		拆卸顺序从右往左从上到下★	4		
		归类所有的装置器材☆	4		
4	清场工作	打扫台面卫生	2	★时间控制	
		归凳子☆	2		
		记录	2		

注：带★号为首要考核知识点，带☆为重点考核知识点，其他为一般考核知识点。

【附2】 减压蒸馏技术实训考核细则

（AB混合物，其中A物质沸点150℃B物质183℃AB遇热都不稳定）

序号	项目	考 核 内 容		扣 分	
1	准备工作	铁架台2台	1.5		
		夹子3组	2		
		止水夹1个			
		减压管1支	1.5		
		圆底烧瓶2个	2		
		温度计1支★	3		
		温度计套管1支	2	1. 损坏仪器扣10倍分	
		直形冷凝管1支	2	2. 多拿或少拿扣分★	
		接液管(牛角管)1支	2	3. 换器材扣2倍分★	
		Y形管1支		4. 温度计的选择★（200℃）	
		转接头1个	2		
		水管3根	2		
		酒精灯1个	2		
		石棉网1个	2		
		铁圈1个			
		安全瓶1组	2		
2	搭装置	准	螺母朝上☆	2		
			开口朝外或朝上☆	2		
			温度计水银球的位置★	4		
			循环水接口是否正确★	2		
			夹子夹冷凝管左边1/3处★	4		
			安全阀打开		1. 报告老师搭装置	
		稳	铁架台稳☆	2	2. 玻璃仪器的损坏	
			螺母旋紧	2	3. 换玻璃仪器扣2倍分	
			铁夹夹烧瓶磨口位置☆	2		
			接液管的固定	2		
			刺形分馏柱铁架固定	2		
			温度计固定稳妥	2		

序号	项目	考核内容			扣分	
2	搭装置	明	加热装置区域明确	2	1. 报告老师搭装置 2. 玻璃仪器的损坏 3. 换玻璃仪器扣2倍分	
			冷凝装置区域明确	2		
			收集装置区域明确	2		
			顺序从左往右从下到上★	4		
		美	侧看成一条线★	4		
			正看一个平面★	4		
			磨口接口是否接好★	4		
			观察玻璃仪器是否有破损	2		
			酒精灯处烧瓶正下方	2		
			铁架台平行★	2		
			夹子在铁架台同一侧☆	2		
3	拆卸装置	先酒精灯再关水★		4	★酒精灯先拿走	
		拆卸顺序从右往左从上到下★		4		
		归类所有的装置器材☆		4		
4	清场工作	打扫台面卫生		2	★时间控制	
		归凳子☆		2		
		记录		2		

注：带★号为首要考核知识点，带☆为重点考核知识点，其他为一般考核知识点。

【附3】 水蒸气蒸馏技术实训考核细则

（提取玫瑰花油）

序号	项目	考核内容		扣分	
1	准备工作	铁架台3台	1.5	1. 损坏仪器扣10倍分 2. 多拿或少拿扣分★ 3. 换器材扣2倍分★	
		夹子3组	2		
		水蒸气发生管1支	1.5		
		圆底烧瓶2个	2		
		三通管1支★	3		
		止水夹1支	1		
		直形冷凝管1支	2		
		接液管(牛角管)1支	2		
		转接头1个	1		
		三角瓶1个	1		
		通蒸汽玻璃管1个	2		
		水管3根	2		
		酒精灯2个	2		
		石棉网2个	2		
		铁圈2个	2		

序号	项目	考 核 内 容			扣 分	
2	搭装置	准	螺母朝上☆	2	1. 报告老师搭装置 2. 玻璃仪器的损坏 3. 换玻璃仪器扣2倍分 4. 水蒸气发生器装水体积1/2到3/4之间★ 5. 装玫瑰花水不要超过1/3体积★	
			开口朝外或朝上☆	2		
			安全瓶旋塞打开★	3		
			循环水接口是否正确★	3		
			夹子夹冷凝管左边1/3处★	3		
			三通阀打开★	3		
		稳	铁架台稳☆	2		
			螺母旋紧	2		
			铁夹夹烧瓶磨口位置☆	2		
			接液管的固定	2		
			2个圆底烧瓶固定	2		
			冷凝管固定稳妥	2		
		明	加热装置区域明确	2		
			冷凝装置区域明确	2		
			收集装置区域明确	2		
			顺序从左往右,从下到上★	3		
		美	侧看成一条线★	3		
			正看一个平面★	3		
			磨口接口是否接好★	4		
			观察玻璃仪器是否有破损	2		
			酒精灯处烧瓶正下方	2		
			铁架台平行★	3		
			夹子在铁架台同一侧☆	2		
3	拆卸装置		先开三通灭酒精灯再关水★	4	★酒精灯先拿走	
			拆卸顺序从右往左,从上到下★	3		
			归类所有的装置器材☆	4		
4	清场工作		打扫台面卫生	2	★时间控制	
			归凳子☆	2		
			记录	2		

注: 带★号为首要考核知识点,带☆为重点考核知识点,其他为一般考核知识点。

模块四
样品含量测定技术

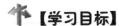

【学习目标】

1. 掌握有效数字及其运算规则。
2. 知道分析试样的采集与制备方法。
3. 熟悉常用滴定分析仪器的使用及洗涤方法。
4. 熟练掌握滴定基本操作。

【预备知识】

一、有效数字及其运算规则

1. 有效数字位数的确定

有效数字是由准确数字与一位可疑数字组成的测量值。它除了最后一位数字是不准确的以外,其他各数都是确定的。有效数字的有效位数反映了测量的精度。有效位数是从有效数字最左边起第一个不为零的数字起到最后一个数字止的数字个数。例如,用感量为千分之一的天平称一块锌片为0.485g,这里0.485就是一个3位有效数字,其中最后一个数字5是不确定的。用某一测量仪器测定物质的某一物理量,其准确度都是有一定限度的。测量值的准确度取决于仪器的可靠性,也与测量者的判断力有关。测量的准确度是由仪器刻度标尺的最小刻度决定的。如上面这台天平的绝对误差为0.001g,称量这块锌片的相对误差为:

$$\frac{0.001}{0.485} \times 100\% = 0.21\%$$

2. 有效数字的记录

在记录测量数据时,不能随意乱写,不然就会增大或缩小测量的准确度。如把上面的称量数字写成0.4850,这样就把可疑数字5变成了确定数字5,从而夸大了测量的准确度,这和实际情况是不相符的。

在没有搞清有效数字含义之前,有人错误地认为:测量时,小数点后的位数越多,精密度就越高;或在计算中保留的位数越多,准确度就越高。其实二者之间无任何联系。小数点的位置只与单位有关,如135mg,可以写成0.135g,也可以写成1.35×10^{-4}kg,三者的精密度完全相同,都是3位有效数字。注意:首位数字≥8的数据其有效数字的位数可多算1位,如9.25可看4位有效数字。常数、系数等有效数字的位数没有限制。

记录和计算测量结果都应与测量的精确度相适应,任何超出或低于仪器精确度的数字都是不妥当的。常见仪器的精确度见表 4-1。

表 4-1 常见仪器的精确度

仪器名称	仪器精确度	例子	有效数字位数
台秤	0.1g	7.5g	2 位
电光天平	0.0001g	16.235 4g	6 位
千分之一天平	0.001g	22.253g	5 位
100mL 量筒	1mL	75mL	2 位
滴定管	0.01mL	32.23mL	4 位
容量瓶	0.01mL	50.00mL	4 位
移液管	0.01mL	25.00mL	4 位
Phs-2C 型酸度剂	0.01	4.56	2 位

3. 有效数字的确定注意事项

（1）"0" 在数字中是否是有效数字，这与 "0" 在数字中的位置有关。"0" 在数字后或在数字中间，都表示一定的数值，都算是有效数字，"0" 在数字之前，只表示小数点的位置（仅起定位作用）。如 6.0005 是 5 位有效数字，2.5000 也是 5 位有效数字，而 0.0025 则是 2 位有效数字。

（2）对于很大或很小的数字，如 260000、0.0000035 采用指数表示法更简便合理，可写成 2.6×10^5、3.5×10^{-6}。"10" 不包含在有效数字中。

（3）对化学中经常遇到的 pH、lg 等对数数值，有效数字仅由小数部分数字位数决定，首数（整数部分）只起定位作用，不是有效数字。如 pH = 4.76 的有效数字为 2 位，而不是 3 位有效数字。4 是 "10" 的整数方次，即 10^4 中的 4。

（4）在化学计算中，有时还遇到表示倍数或分数的数字，如 $KMnO_4$ 的摩尔质量/5，式中的 5 是个固定数，不是测量所得，不应当看做一位有效数字，而应看做无限多位有效数字。

4. 有效数字的运算规则

（1）有效数字取舍规则

① 记录和计算结果所得的数值，均只保留 1 位可疑数字。

② 当有效数字的位数确定后，其余的尾数应按照 "四舍五入" 法或 "四舍六入五看齐，奇进偶不进" 的原则一律舍去（"四舍六入五看齐，奇进偶不进" 的原则是：当尾数≤4 时，舍去；尾数≥6 时，进位；当尾数＝5 时，则要看尾数前一位数是奇数还是偶数，若为奇数则进位，若为偶数则舍去）。

③ 一般运算通常用 "四舍五入" 法，当进行复杂运算时，采用 "四舍六入五看齐，奇进偶不进" 的原则，以提高运算结果的准确性。

（2）加减法运算规则

进行加法或减法运算时，所得的和或差的有效数字的位数，应与各个加、减数中的小数点后位数最少者相同。例如：

$$23.456 + 0.000124 + 3.12 + 1.6874 = 28.263524$$

应取 28.26。

以上是先运算后取舍，也可以先取舍后运算，取舍时也是以小数点后位数最少的数为准。

（3）乘除法运算规则

进行乘除运算时，其积或商的有效数字的位数应与各数中有效数字位数最少的数相同，而与小数点后的位数无关。例如：

$$2.35 \times 3.642 \times 3.3576 = 28.73669112$$

应取 28.7。

同加减法一样，也可以先以小数点后位数最少的数为准，四舍五入后再进行运算。例如：

$$2.35 \times 3.64 \times 3.36 = 28.74144$$

应取 28.7。

当有效数字为 8 或 9 时，在乘除法运算中也可运用"四舍六入五看齐，奇进偶不进"的原则，将此有效数字的位数多加 1 位。

（4）乘方或开方运算规则

幂或根的有效数字的位数与原数相同。若乘方或开方后还要继续进行数学运算，则幂或根的有效数字的位数可多保留 1 位。

（5）对数运算规则

所取对数的尾数应与真数有效数字位数相同。反之，尾数有几位，则真数就取几位。例如，溶液 pH=4.74，其 $c_{H^+}=1.8 \times 10^{-5}\,mol/L$，而不是 $1.82 \times 10^{-5}\,mol/L$。

5. 一些常数的有效数字

在所有计算式中，常数 π、e 的值及某些因子 $\sqrt{2}$、1/3 的有效数字的位数，可认为是无限制的，在计算中需要几位就可以写几位。一些国际定义值，如摄氏温标的零度值为热力学温标的 273.15 K，标准大气压 1atm=$1.01325 \times 10^5\,Pa$，自由落体标准加速度 $g=9.80665\,m/s^2$，摩尔气体常数 $R=8.314\,J/(mol \cdot K)$，被认为是严密准确的数值。

二、分析试样的采集与制备

试样的采集和制备是分析工作的首要环节。由于分析物料的复杂性和对分析要求的差异性，试样的采取、制备也各不相同。

1. 试样的采集

从统计学角度看，试样的采集就是从总体（大批物料）中抽取有限个欲测单元的过程，然后根据有限样本的分析结果得出物料总体组成的结论。因此，试样的采集必须保证所取试样具有代表性，即分析试样的组成能代表整批物料的平均组成。否则，无论分析工作做得怎样认真、准确，所得结果也毫无实际意义。因为在这种情况下，分析结果仅代表了所取试样的组成，并不能代表物料整体的平均组成，更为有害的是提供了无代表性的分析数据，会给实际工作带来难以估计的损失。因此，慎重地审查试样的来源，并采用正确的取样方法是非常重要的。

待分析物料的聚集状态主要分气态、液态和固体三种类型，不同类型的物料有不同的特点，因而其采集试样的方式和要求也有差别。

（1）气体试样的采集

由于气体分子的扩散作用，物料组成都比较均匀，欲取得具有代表性的气体试样，主要考虑取样时如何防止杂质的混入。根据气体试样的性质和用量可以选用注射器、塑料袋或球胆、抽气泵等直接采样。对于大气污染物的测定，通常选用距地面 50～180cm 的高度用大气采样仪采样。采样时可使空气通过适当的吸收剂，让被测组分通过吸收剂吸收浓缩后再进行测定。

（2）液体试样的采集

由于液体的流动性较大，试样内各组分的分布比较均匀，任意取一部分或稍加搅匀后取一部分即为具有代表性的试样。但是采样时也要考虑可能存在的任何不均匀性，如因工业废水、生活污水等对水质的污染而使组分的分布有所不同的情况，在江河、湖泊中采集水样时，应按有关规定在不同的地点和深度采样，所取试样按一定的规则混合后供分析用。

（3）固体试样的采集

固体物料可以是各种药物制品、中草药原料植物、矿产原料、化工产品、金属物料等，也可以是各种粉状、颗粒状、膏状的工业产品、半成品等。固体物料通常可分为组成分布比较均匀的物料和组成分布不均匀的物料两类。

① 组成分布较均匀的物料。如药品、盐类、化肥、农药和精矿等，可从总体中按有关规定随机抽样，并将随机抽到的多个样混合均匀。

② 组成分布不均匀的物料。如煤炭、矿石、土壤等，颗粒大小不等，硬度相差也很大，组成很不均匀，在堆放过程中往往发生"分层"现象，使得物料更加不均匀。因而从物料堆中采取这类试样时，应从其不同部位、不同深度分别采取试样。一般从底部周围几个对称点对顶点画线，再沿底线依均匀的间隔按一定数量的比例采样。若物料是采用输送带运送的，可在输送带的不同横断面间隔一定时间取若干份试样。如是用车或船运输的，可按散装固体随机抽样，再于每车（或船）中的不同部位多点采样，以克服运输过程中的偏析作用。如果物料包装是桶、瓶、袋、箱、捆等形式，首先应从一批包装中确定若干件，然后用适当的取样器从每件中取若干份。取样器一般都可以插入各种包装的底部，以便从不同深度采取试样。

试样的采集方法和采集数量均有严格的规定，这些规定和细节，可参阅有关国家标准、中国药典和其他各类标准。

2. 试样的制备

试样的制备主要是针对组成不均匀的固体试样，例如生物制品、煤炭、土壤、矿石等。其任务是将从大批物料中采取到的原始试样，制备成供检测用的分析试样。因为抽样或采样所取得原始试样的绝对量一般较大，不能全部用于分析，必须再于原始试样中取少量试样进行分析。

从采集来的试样中选出一部分具有代表性的试样作为分析试样过程即试样的制备过程，一般就是将采集来的试样进行破碎、过筛、混匀和缩分的过程。

用机械或人工的方法把试样逐步破碎，一般有粗碎、中碎和细碎等阶段。在破碎过程中，要尽量避免由于设备的磨损或不干净等原因而混进杂质，试样每次破碎后应进行过筛处理。通不过筛孔的颗粒绝不能丢弃。因为这部分不易研细的颗粒往往具有不同的组成，所以必须反复破碎，使所有细粒都通过筛孔。经过细碎后的试样应全部通过 100～200 目的筛孔。

试样经过一次破碎后，使用机械或人工的方法取出一部分有代表性的试样，再进行下一步处理，这样就可以将试样量逐渐缩小，这个过程称为缩分。常用的缩分方法为四分法。四分法取样，是将采集来的样品充分混合，堆成一堆后压成扁平体，用十字分样板从中间压至底部，将分成的四个扇形对角的两份取出，进一步破碎、过筛后混匀成一堆，如上所述进一步缩分，直至达到需要的细度和数量为止。

制备好的试样应立即装袋或置于试样瓶中，并附上较为详细的标签，说明试样名称、生产或进厂日期、取样地点、取样时间、批号、试样数量、取样人等，置于干燥、避光处保存。

由于试样中常含有水分，其含量往往随温度、湿度及试样的分散程度不同而改变，从而使试样的组成因所处环境和处理方法的不同而发生波动。为了解决此问题，可选用以下措施：①在称量试样之前，先在一定温度下烘干试样，去除水分；②采用风干或干燥的方法，使试样中的水分含量保持恒定；③在分析测定的同时，测定试样的水分含量，然后用干基表示各组分含量。

项目一　滴定分析基本操作

【实训目的】

1. 认识常用的滴定分析仪器。
2. 掌握滴定分析仪器的洗涤方法。
3. 初步掌握滴定基本操作。

【必备知识】

滴定分析法是将滴定液滴加到待测物质的溶液中，直到反应完全，借助指示剂颜色变化确定滴定终点。根据滴定液的浓度和消耗的体积，计算被测组分含量的分析方法。

滴定分析法常用的仪器主要有滴定管、量瓶、移液管等。

一、滴定分析仪器的洗涤

滴定分析仪器在使用前必须洗涤干净，洗净的器皿其内壁被水润湿而不挂水珠。一般的洗涤方法是：常用器皿如锥形瓶、烧杯、试剂瓶等可用自来水冲洗或用刷子蘸取肥皂或洗涤剂刷洗。滴定管、量瓶、移液管等量器，为了避免容器内壁磨损而影响量器测量的准确度，一般不用刷子刷洗，可直接用自来水冲洗或洗涤剂冲洗。如使用上述方法仪器仍不能洗涤干净，可用洗液（一般用铬酸洗液）洗涤，洗液对那些不宜用刷子刷洗的器皿进行洗涤尤为方便。

1. 酸、碱滴定管的洗涤

向滴定管中小心倒入铬酸洗液约 10mL（碱式滴定管下端的乳胶管需换上旧橡皮乳头后再倒入洗液），然后将滴定管倾斜并慢慢转动滴定管，使其内壁全部被洗液润湿，再将洗液倒回原洗液瓶中。如仪器内部被沾污严重，可将洗液充满仪器，浸泡数分钟或数小时后，将洗液倒回原瓶。用自来水把残留在仪器上的洗液冲洗干净，然后再用少量纯化水淌洗2~3次。

2. 量瓶的洗涤

量瓶的洗涤方法与滴定管基本相同，一般是先倒出瓶内残留的水，再倒入适量洗液（一般 250mL 量瓶倒入 10~20mL 洗液即可），倾斜转动量瓶，使洗液润湿内壁（必要时可用洗液浸泡数分钟），然后将洗液倒回原洗液瓶中，再用自来水冲洗量瓶及瓶塞，然后再用少量纯化水淌洗2～3次。

3. 移液管的洗涤

用自来水将移液管冲洗并沥干水后，再将移液管插入铬酸洗液瓶中，吸取洗液数毫升，倾斜移液管，让洗液淌遍全管。然后将洗液放回原洗液瓶中。如内壁油污严重，可把移液管放入盛有洗液的量筒或高型玻璃筒中浸泡数分钟，取出沥尽洗液后用自来水冲洗干净。然后再用少量纯化水淌洗2～3次。

二、滴定管的使用

滴定管是用来进行滴定的仪器，用于准确测量滴定中所用溶液的体积。滴定管是细长、内径大小均匀且具有精密刻度的玻璃管，管的下端有玻璃尖嘴。一般常量分析的滴定管容积为25mL或50mL，最小刻度为0.1mL，估计读数到小数点后第二位，读数误差一般为±0.01mL。另外，还有容积为10mL、5mL、2mL、1mL的半微量和微量滴定管。

滴定管一般分为两种：一种是酸式滴定管，另一种是碱式滴定管。下端带有玻璃活塞开关的是酸式滴定管，用来盛放酸、酸性或氧化性溶液，不宜盛放碱性溶液，因碱性溶液能腐蚀玻璃，使活塞与活塞套粘合，难于转动。碱式滴定管其下端连接一段橡皮管，管内放一小玻璃珠，用来控制滴定速度。碱式滴定管用来盛放碱或碱性溶液，不能盛酸或具有氧化性等的腐蚀橡皮的溶液。

1. 滴定管检漏

为了使酸式滴定管活塞润滑、不漏水、转动灵活，在使用前，应在活塞上涂凡士林。

操作方法是：将酸式滴定管平放在台面上，取出活塞，用滤纸将活塞及活塞套内的水擦干，蘸取适量凡士林，用手指在活塞周围涂上薄薄一层，或分别涂在活塞的粗端和活塞套的细端（切勿将活塞小孔堵塞），如图4-1所示。然后将活塞插入活塞套内，压紧并向同一方向旋转，直到活塞转动部分透明为止。最后用橡皮圈套住活塞末端，以防活塞脱落。涂好凡士林的滴定管要检查是否漏水。试漏的方法是先将活塞关闭，在滴定管内装满水，擦干滴定管外部，直立放置约2min，仔细观察有无水滴滴下，活塞缝隙中是否有水渗出；然后将活塞旋转180°，再放置约2min，观察是否有水渗出。如无渗水现象，即可洗净使用。

现在使用的聚四氟乙烯滴定管则无需涂凡士林。

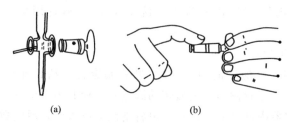

(a)   (b)

图4-1　活塞涂凡士林

碱式滴定管应选择大小合适的玻璃珠和橡皮管，并检查滴定管是否漏水，液滴是否能灵活控制。如不符合要求，应重新装配。

2. 洗涤

为避免滴定管中残留的水改变滴定液的浓度，在装溶液前，先用少量该溶液淌洗2～3

次，每次用量不超过滴定管体积的 1/5。

操作方法是：加入溶液后，将滴定管倾斜，慢慢转动，使溶液流遍全管，然后打开活塞，将溶液自下端放出。

3. 装溶液

装溶液时，要直接从试剂瓶倒入滴定管，不要再经过其他容器，以免污染或影响溶液的浓度。

4. 排气泡

滴定管装满溶液后，应检查管下端是否有气泡，如有气泡，将影响溶液体积的准确测量，必须排除。

操作方法是：对于酸式滴定管，如有气泡，可将滴定管倾斜，迅速转动活塞，让溶液急速下流以除去气泡；对于碱式滴定管，则可将橡皮管向上弯曲，用两指挤压玻璃珠，形成缝隙，让溶液从尖嘴口喷出，气泡即可除去，如图 4-2 所示。然后将液面控制在零刻度或零刻度以下。

5. 滴定管的读数

读数时滴定管应保持垂直，管内的液面呈弯月形，读取弯月面最低处与刻度的相切之点，视线与切点在同一水平线上（图 4-3），否则将因眼睛的位置不同而引起误差。也可如图 4-4 所示在滴定管后面衬一张纸卡为背景，使读数清晰。图 4-3 的读数应估计到 0.01mL。

深色溶液的弯月面底缘较难看清，例如 $KMnO_4$、I_2 溶液等，可读取液面的最上缘。如果滴定管后壁带有白底蓝线背景，则蓝线上下两尖端相交点的刻度即为液面的读数。

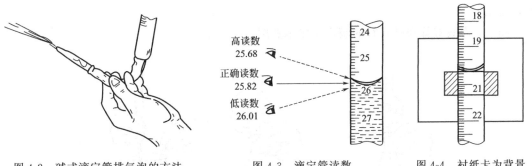

图 4-2　碱式滴定管排气泡的方法　　图 4-3　滴定管读数　　图 4-4　衬纸卡为背景

在同一次实验的每次滴定时，初读数都调至 0.00，使用 50mL 的滴定管，第一次滴定是在 0～25mL 的部位，第二次滴定时也应控制在这段长度的部位。这样，可以抵消由于滴定管上下刻度不够准确而引起的误差。每次滴定完毕，需等 1～2min，待内壁溶液完全流下再读数。

三、滴定操作

将滴定液由滴定管滴加到待测物质溶液中的操作过程称为滴定。

滴定时，用左手控制滴定管，右手拿锥形瓶。使用酸式滴定管时，左手拇指在活塞前，食指及中指在活塞后，灵活控制活塞。转动活塞时，手指微微弯曲，轻轻向里扣住，手心不要顶住活塞小头一端，以免顶出活塞，使溶液漏出，如图 4-5 所示。使用碱式滴定管时，左手指挤捏玻璃珠外橡皮管，使形成一狭缝，溶液即可流出，如图 4-6 所示。滴定时注意不要移动玻璃珠，也不要摆动尖嘴，以防空气进入尖嘴。

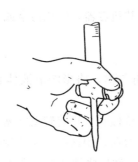 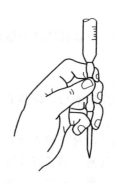

图 4-5　酸式滴定管操作　　　　　　　　　　图 4-6　碱式滴定管操作

　　滴定时，滴定管下端应深入瓶口少许，左手控制溶液的流速，右手前三指拿住瓶颈，其余两指做辅助，向同一方向做圆周运动，随滴随摇，以使瓶内的溶液反应完全，注意不要使瓶内溶液溅出，开始滴定时，滴定速度可稍快，但不能使滴出液呈线状。近终点时，滴定速度要放慢，以防滴定过量，每次滴加 1 滴或半滴，同时，不断旋摇，并用少量纯化水冲洗锥形瓶内壁，将溅留在瓶壁的溶液淋下，使反应完全，直至终点。仅需半滴时，将滴定管活塞微微转动，便有半滴溶液悬于滴定管口，将锥形瓶内壁与管口接触，溶液便靠入锥形瓶中，用少量纯化水冲下与溶液反应。使用碘量瓶时，玻璃塞应夹在右手中指与无名指之间。滴定在烧杯中进行时，右手用玻璃棒或磁力搅拌器不断搅拌烧杯中的溶液，左手控制滴定管。滴定结束后，滴定管内剩余的溶液不得倒回原贮备瓶中，滴定管用后应立即洗净，置于滴定架上，备用。
　　图 4-7 为酸式管和碱式管的滴定操作示意图。

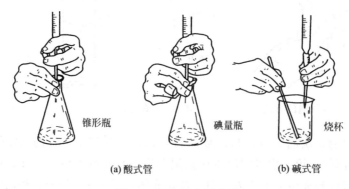

(a)酸式管　　　　　　　　　　(b)碱式管

图 4-7　滴定操作示意图

【工作任务】　滴定练习

【仪器与试剂】

　　仪器：酸式滴定管（50mL）、碱式滴定管（50mL）、锥形瓶（50mL）、移液管（25mL）、量瓶（100mL）、洗耳球、烧杯。

试剂：0.1mol/L NaOH、0.1mol/L HCl、0.1％酚酞指示剂、0.1％甲基橙指示剂、铬酸。

一、NaOH 溶液滴定 HCl 溶液

1. 碱式滴定管检漏、洗净后，用少量 0.1mol/L NaOH 溶液洗涤 2～3 次。

2. 装入 0.1mol/L NaOH 溶液至刻度"0"以上，排除气泡，调整至 0.00 刻度。

3. 取洗净的 25mL 移液管 1 支，用少量 0.1mol/L HCl 溶液洗涤 2～3 次。

4. 移取 0.1mol/L HCl 溶液 25.00mL，置于洁净的 250mL 锥形瓶中，加 2 滴酚酞指示剂。

5. 用 0.1mol/L NaOH 溶液滴定至溶液由无色变浅红色，半分钟内不褪色，即为终点。

记录 NaOH 溶液的用量。重复以上操作 3 次，每次消耗的 NaOH 溶液体积相差不得超过 0.04mL。

二、HCl 溶液滴定 NaOH 溶液

1. 酸式滴定管的活塞涂凡士林、检漏、洗净后，用少量 0.1mol/L HCl 溶液洗涤 2～3 次。

2. 装入 0.1mol/L HCl 溶液至刻度"0"以上，排除气泡，调整至 0.00 刻度或以下。

3. 取洗净的 25mL 移液管 1 支，用少量 0.1mol/L NaOH 溶液洗涤 2～3 次。

4. 移取 0.1mol/L NaOH 溶液 25.00mL，置于洁净的 250mL 锥形瓶中，以甲基橙为指示剂。

5. 用 0.1mol/L HCl 溶液滴定 NaOH 溶液，终点时溶液由黄色变为橙色。

【注意事项】

1. 滴定管、移液管和量瓶的使用，应严格按有关要求进行操作。

2. 滴定管、移液管和量瓶是带有刻度的精密玻璃量器，不能用直火加热或放入干燥箱中烘干，也不能装热溶液，以免影响测量的准确度。

3. 滴定仪器使用完毕，应立即洗涤干净，并放在规定的位置。

【报告内容】

实验数据记录表

项　　目	I	II	III
$V_{NaOH,终}$/mL			
$V_{NaOH,初}$/mL			
V_{NaOH}/mL			
$V_{HCl,终}$/mL			
$V_{HCl,初}$/mL			
V_{HCl}/mL			

【问题讨论】

1. 滴定管、移液管在装入溶液前为何需用少量待装液涮洗 2～3 次？用于滴定的锥形瓶是否需要干燥？是否需用待装液涮洗？

2. 为什么同一次滴定中，滴定管溶液体积的初、终读数应由同一操作者读取？

【附】 滴定操作实训考核细则

项　目	考 核 内 容	分值	操 作 要 求	考核记录	扣分	得分
滴定操作	滴定管的洗涤	5	洗涤干净			
	滴定管的试漏	5	试漏方法正确			
	滴定管的润洗	10	润洗前尽量沥干			
			润洗量 10～15mL			
			润洗动作正确			
			润洗≥3 次			
			每错一项扣 2.5 分			
	装溶液	20	装溶液前摇匀溶液			
			装溶液时标签对手心			
			溶液不能溢出			
			赶尽气泡			
			每错一项扣 5 分			
	调零点	5	调零点正确			
	滴定操作	30	滴定前用干净小烧杯靠去滴定管下端所挂液			
			终点后尖嘴处没有气泡或挂液			
			滴定操作于锥形瓶摇动动作协调			
			终点附近靠液次数≤4			
			不成直线(虚线)			
			消耗溶液体积适当			
			每错一项扣 5 分			
	终点判断	5				
	读数	10	停留 30s 读数,读数正确,允许误差最大 0.02mL			
文明操作清场工作	物品摆放	10	仪器摆放不整齐、水迹太多,无结束工作			

项目二　酸碱滴定法

实训一　盐酸滴定溶液的配制和标定

【实训目的】

1. 掌握盐酸滴定溶液的配制和用基准物质标定溶液的方法。

2. 熟悉滴定操作并掌握滴定终点的判断。

3. 熟练掌握递减称量法。

【仪器与试剂】

仪器：分析天平、台秤、称量瓶、滴定管（50mL）、玻璃棒、量筒、锥形瓶、试剂瓶（1000mL）、电炉。

试剂：浓 HCl、基准无水 Na_2CO_3、纯化水、甲基红-溴甲酚绿混合指示剂。

【实训原理】

市售浓盐酸为无色透明溶液，HCl 含量为 $36\% \sim 38\%$（质量分数），密度约为 1.19kg/L。由于浓盐酸易挥发，不能直接配制，应采用间接法配制盐酸滴定液。

标定盐酸的基准物有无水碳酸钠和硼砂等，本实验用基准无水碳酸钠进行标定，以甲基红-溴甲酚绿混合指示剂指示终点。

终点颜色由绿色变暗紫色。标定反应为：

$$2HCl + Na_2CO_3 \longrightarrow 2NaCl + H_2O + CO_2 \uparrow$$

反应过程产生的 H_2CO_3 会使滴定突跃不明显，致使指示剂颜色变化不够敏锐。所以，在滴定接近终点时，将溶液加热煮沸，并摇动以驱走 CO_2，冷却后再继续滴定至终点。平行测定 3 份，计算盐酸溶液的浓度和相对平均偏差。

按下式计算盐酸滴定液的浓度：

$$c_{HCl} = 2 \times \frac{m_{Na_2CO_3}}{V_{HCl} M_{Na_2CO_3}} \times 10^3$$

【工作任务】

一、HCl 滴定溶液（0.1mol/L）的配制

用洁净小量筒取浓 HCl 9.0mL，加纯化水稀释至 1000mL 摇匀即得。

二、HCl 滴定溶液（0.1mol/L）的称定

用递减称量法精密称取在 $270 \sim 300℃$ 干燥至恒重的基准无水 Na_2CO_3 约 0.13g 三份，分别置于 250mL 锥形瓶中，加 50mL 纯化水溶解后，加甲基红-溴甲酚绿混合指示剂 10 滴，用待标定的 HCl 滴定液滴定至溶液由绿变紫红色，煮沸约 2min，冷却至室温，继续滴定至暗紫色，记下所消耗的滴定液的体积。平行测定 3 次。

【注意事项】

1. 无水 Na_2CO_3，经高温烘烤后，极易吸收空气中的水分，故称量时动作要快，称量瓶盖一定要盖严，防止无水 Na_2CO_3 吸潮。

2. 无水 Na_2CO_3 作为基准物标定 HCl 滴定液，使用前必须在 $270 \sim 300℃$ 干燥 1h。

【报告内容】

1. 记录递减称量法称取基准物 Na_2CO_3 的质量。

2. 记录标定反应消耗的 HCl 滴定液体积。

3. 计算 HCl 滴定液的浓度和相对平均偏差。

项 目	I	II	III
基准物＋称量瓶/m_1/g			
基准物＋称量瓶 m_2/g			
基准物 m/g			
$V_{HCl,终}$/mL			
$V_{HCl,初}$/mL			
c_{HCl}/(mol/L)			
平均值/(mol/L)			
相对平均偏差/%			

【问题讨论】

1. 为什么不能用直接法配制 HCl 滴定溶液？

2. 向锥形瓶中倾倒基准物 Na_2CO_3 固体时，锥形瓶内有少量水，是否会影响称量的准确度？

3. 基准 Na_2CO_3 使用前为什么必须在 270～300℃ 干燥 1h？

4. 溶解基准 Na_2CO_3 所加纯化水 50mL 能否用量筒（杯）量取？

实训二 氢氧化钠滴定溶液（0.1mol/L）的配制与标定

【实训目的】

1. 掌握氢氧化钠滴定溶液的配制和标定方法。

2. 巩固用递减称量法称量固体的物质的知识。

【仪器与试剂】

仪器：分析天平、台秤、滴定管（50mL）、玻璃棒、量筒、试剂瓶（1000mL）、电炉、表面皿、称量瓶、锥形瓶。

试剂：固体 NaOH、基准邻苯二甲酸氢钾、纯化水、酚酞指示剂。

【实训原理】

NaOH 易吸收空气中的 CO_2，而生成 Na_2CO_3，其反应式为：

$$2NaOH+CO_2 \longrightarrow Na_2CO_3+H_2O$$

由于 Na_2CO_3 在饱和 NaOH 溶液中溶解度很小，因此将 NaOH 制成饱和溶液，其含量约为 52%（质量分数），相对密度约为 1.56。待 Na_2CO_3 沉淀后，量取一定量的上清液，稀释至一定体积，即可。用来配制 NaOH 的纯化水，应加热煮沸放冷，除去水中的 CO_2。

标定 NaOH 滴定溶液的基准物质有草酸（$H_2C_2O_4 \cdot 2H_2O$）、苯甲酸（$C_7H_6O_2$）、邻苯二甲酸氢钾（$KHC_8H_4O_4$）等。通常用邻苯二甲酸氢钾标定 NaOH 滴定溶液，标定反应如下：

计量点时，生成的弱酸强碱盐水解，溶液为碱性，采用酚酞做指示剂。

按下式计算 NaOH 滴定液的浓度：

$$c_{NaOH} = \frac{m_{KHC_8H_4O_4}}{V_{NaOH}M_{KHC_8H_4O_4}} \times 10^3$$

【工作任务】

一、NaOH 滴定溶液的配制

1. 饱和溶液的配制

用台秤称取 NaOH 约 120g，倒入装有 100mL 纯化水的烧杯中，搅拌使之溶解成饱和溶液。储存于塑料瓶中，静置数日，澄清后备用。

2. NaOH 滴定液（0.1mol/L）的配制

（1）取澄清的饱和 NaOH 溶液 2.8mL，置于 1000mL 试剂瓶中，加新煮沸的冷纯化水 500mL，摇匀密塞，贴上标签，备用。

（2）在台秤上称取 4.4g 粒状 NaOH（NaOH 应置于什么器皿上称量？为什么？），置于烧杯中，立即加水 1000mL 溶解，转移至带橡皮塞的细口试剂瓶中。

二、NaOH 滴定液（0.1mol/L）**的标定**

用递减称量法精密称取在 105～110℃干燥至恒重的基准物邻苯二甲酸氢钾三份，每份约 0.5g，分别置于 250mL 锥形瓶中，各加纯化水 50mL 使之完全溶解。加酚酞指示剂两滴，用待标定的 NaOH 溶液滴定至溶液呈淡红色，且 30s 不褪色，即可。平行测定 3 次，根据消耗 NaOH 溶液的体积，计算 NaOH 滴定液的浓度和相对平均偏差。

【注意事项】

1. 固体氢氧化钠应放在表面皿上或小烧杯中称量，不能在称量纸上称量，因为氢氧化钠极易吸潮。

2. 滴定前，应检查橡皮管内和滴定管尖处是否有气泡，如有气泡应排除。

3. 盛放基准物的三个锥形瓶应编号，以免混淆。

【报告内容】

1. 记录递减称量法称取基准物邻苯二甲酸氢钾的质量。

2. 记录消耗 NaOH 滴定溶液的体积。

3. 计算 NaOH 的浓度及所标定浓度的相对平均偏差。

【问题讨论】

1. 配制 NaOH 滴定溶液时，用台秤称取固体 NaOH 是否会影响浓度的准确度？用量筒量取 50mL 纯化水是否也会影响浓度的准确度？为什么？

2. 用邻苯二甲酸氢钾基准物标定 NaOH 溶液的浓度，若消耗 NaOH 滴定液（0.1mol/L）约 25mL，问应称取邻苯二甲酸氢钾多少克？

3. 待标定 NaOH 溶液装入碱式滴定管前，为什么要用少量的此溶液淌洗 2～3 次？

实训三 阿司匹林（乙酰水杨酸）含量的测定

【实训目的】

1. 掌握用酸碱滴定法测定阿司匹林（乙酰水杨酸）的原理和方法。

2. 掌握酚酞指示剂的滴定终点。

【仪器与试剂】

仪器：分析天平、台秤、称量瓶、滴定管（50mL）、锥形瓶、量筒。

试剂：标准 NaOH 滴定液（0.1mol/L）、阿司匹林（乙酰水杨酸）、纯化水、中性乙醇、酚酞指示剂

【实训原理】

阿司匹林属芳酸酯类药物，分子结构中含有羧基，在溶液中可离解出 H^+，故可用标准碱溶液直接滴定。反应式如下：

$$\underset{}{\bigcirc}\!\!\!\!\begin{array}{l} -COOH \\ -COOC_2H_5 \end{array} + NaOH \rightleftharpoons \underset{}{\bigcirc}\!\!\!\!\begin{array}{l} -COONa \\ -COOC_2H_5 \end{array} + H_2O$$

计量点时生成物为弱酸强碱盐，水解后，溶液呈碱性，应选用碱性区域变色的酚酞指示剂指示终点。

乙酰水杨酸的含量按下式计算：

$$C_{10}H_{10}O_4\% = \frac{c_{NaOH}V_{NaOH}M_{C_{10}H_{10}O_4} \times 10^{-3}}{S} \times 100\%$$

【工作任务】

精确称取阿司匹林约 0.4g，置于 250mL 锥形瓶中，加中性乙醇 10mL 溶解，在不超过 10℃的温度下，加酚酞指示剂 2 滴，用 NaOH 滴定液（0.1mol/L）滴至溶液呈淡红色，且 30s 不褪色，即为终点。平行测定 3 次，计算阿司匹林的含量和相对平均偏差。

【注意事项】

1. 阿司匹林水溶性小，在乙醇中易溶，故用稀乙醇为溶剂。

2. 中性稀乙醇的配制：取 95％乙醇 53mL，加水至 100mL 加酚酞 2 滴，用 NaOH 滴定液滴至淡红色，即可。

3. 在不超过 10℃的温度下滴定，防止阿司匹林水解。

【报告内容】

1. 记录递减称量法称取阿司匹林的质量。

2. 记录消耗 NaOH 滴定液的体积。

3. 计算阿司匹林的含量和相对平均偏差。

项　　目	I	II	III
样品＋称量瓶 m_1/g			
样品＋称量瓶 m_2/g			
样品 m/g			
$V_{NaOH,终}$/mL			
$V_{NaOH,初}$/mL			
c_{NaOH}/(mol/L)			
阿司匹林的含量/%			
平均值/%			
相对平均偏差/%			

【问题讨论】

1. 本次实验为何滴至酚酞变为淡红色，且持续 30s 不褪色才为滴定终点？

2. 苯甲酸可以用 NaOH 滴定液直接滴定，那么苯甲酸钠是否可用 HCl 滴定液直接测定？

实训四　混合碱含量的测定（双指示剂法）

【实训目的】

1. 掌握双指示剂法测定 NaOH 和 Na_2CO_3 混合物中各组分含量的原理和方法。

2. 熟悉移液管的使用方法及液体试样的取样方法。

【仪器与试剂】

仪器：滴定管（50mL）、玻璃棒、量筒、锥形瓶、电炉、移液管（25mL）、洗耳球。

试剂：标准 HCl 滴定液（0.1mol/L）、NaOH 和 Na_2CO_3 混合液、酚酞指示剂、甲基橙指示剂。

【实训原理】

混合碱一般是指 NaOH 和 Na_2CO_3 或 Na_2CO_3 和 $NaHCO_3$ 的混合物，常用双指示剂法测定。若是 NaOH 和 Na_2CO_3，则先以酚酞为指示剂，用 HCl 滴定液滴定至红色刚好消失，到达第一滴定终点，NaOH 全部被中和，Na_2CO_3 被中和成 $NaHCO_3$，用去的 HCl 记为 V_1。再以甲基橙做指示剂，用 HCl 滴定液继续滴定至溶液呈橙色，用去的 HCl 记为 V_2，到达第二化学计量点。测定反应为：

$$NaOH + HCl \mathrel{=\!=} NaCl + H_2O \qquad \left.\right\} \quad 酚酞褪色 \qquad (1)$$
$$Na_2CO_3 + HCl \mathrel{=\!=} NaHCO_3 + NaCl \qquad V_1 \qquad (2)$$

$$NaHCO_3 + HCl \mathrel{=\!=} NaCl + H_2O + CO_2 \qquad 甲基橙变色\ V_2 \qquad (3)$$

滴定 NaOH 所消耗的 HCl 体积为 $V_1 - V_2$，而滴定 Na_2CO_3 所消耗 HCl 体积为 $2V_2$。则：

$$NaOH\% = \frac{c_{HCl}\ (V_1 - V_2)_{HCl} M_{NaOH} \times 10^{-3}}{V} \times 100\%$$

$$Na_2CO_3\% = \frac{1}{2} \times \frac{c_{HCl}\ (2V_2)_{HCl} M_{Na_2CO_3} \times 10^{-3}}{V} \times 100\%$$

【工作任务】

精确吸取 25.00mL 样品溶液置于 250mL 锥形瓶中，加纯化水 25mL，酚酞指示剂 2 滴，用 HCl 滴定液滴定至溶液的红色刚好消失，记录所用 HCl 滴定液的体积 V_1。然后加入甲基橙指示剂 2 滴，滴定管加盐酸，调初读数为 0.00，继续滴定至溶液由黄色变为橙色，记录所用 HCl 滴定液的体积 V_2。

【注意事项】

到达第一计量点之前，不应有 CO_2 的损失，如果溶液中 HCl 局部浓度过大，即引起式（3）的反应，会带来很大误差，因此滴定时溶液应冷却（冰水中），滴定速度不要太快，摇动锥形瓶，使 HCl 分散均匀，但也不能滴得太慢，以免溶液吸收空气中的 CO_2。

【报告内容】

1. 记录所取混合碱溶液的体积。

2. 记录酚酞变色消耗的 HCl 的体积 V_1 和甲基橙变色消耗的 HCl 的体积 V_2。

3. 计算 NaOH 和 Na_2CO_3 的含量和相对平均偏差。

项　　目	I	II	III
$V_{HCl,终1}$/mL			
$V_{HCl,初}$/mL			
V_1/mL			
$V_{HCl,终2}$/mL			
V_2/mL			
NaOH/%			
平均值 NaOH/%			
Na_2CO_3/%			
平均值 Na_2CO_3/%			

【问题讨论】

1. 若标定 HCl 的基准无水碳酸钠没有在 270～300℃ 干燥，会对 HCl 滴定液的浓度有什么影响？对本次测定又有何影响？

2. 测定混合碱时，若消耗 HCl 滴定液的体积为 $V_1 < V_2$，则试样的组成是什么？

实训五　高氯酸滴定溶液的配制与标定

【实训目的】

1. 理解非水溶液酸碱滴定法的原理和方法。

2. 掌握配制、标定高氯酸滴定液（0.1mol/L）的基本操作。

3. 熟悉结晶紫指示剂指示终点的方法。

【仪器与试剂】

仪器：半微量滴定管（10mL）、锥形瓶（50mL）、分析天平、量杯（10mL）。

试剂：高氯酸（A.R. 70%～72%、相对密度 1.75）、醋酐（A.R. 97%、相对密度 1.08）、醋酸（A.R.）、邻苯二甲酸氢钾（基准物）、结晶紫指示剂（0.5% 的冰醋酸溶液）。

【实训原理】

常见的无机酸在冰醋酸中以高氯酸的酸性最强，并且高氯酸的盐易溶于有机溶剂，故在非水溶液酸碱滴定中常用高氯酸作为滴定碱的滴定液，采用间接法配制。用邻苯二甲酸氢钾为基准物，结晶紫为指示剂，标定高氯酸滴定液。根据邻苯二甲酸氢钾的质量和消耗高氯酸滴定液的体积，便可求得高氯酸滴定液的浓度。由于溶剂和指示剂要消耗一定量的滴定液，故须做空白试验校正。

按下式计算出高氯酸滴定液的浓度：

$$c_{HClO_4} = \frac{m_{C_8H_5O_4K}}{(V - V_{空白})_{HClO_4} M_{C_8H_5O_4K}} \times 10^3$$

式中，$M_{C_8H_5O_4K}$ 为 204.2g/mol。

【工作任务】

一、高氯酸滴定液（0.1mol/L）的配制

取无水冰醋酸 750mL，加入高氯酸（70%～72%）8.5mL，摇匀，在室温下缓缓滴加醋酐 23mL，边加边摇，加完后再振摇均匀，放冷，再加无水醋酸适量使成 1000mL，摇匀，放置 24h。若所测供试品易乙酰化，则需用水分测定法测定本液的含水量，再用水和醋酐调节至本液的含水量至 0.01%～0.02%。

二、高氯酸滴定液（0.1mol/L）的标定

取在 105℃ 干燥至恒重的基准邻苯二甲酸氢钾约 0.16g，精确称定，加无水冰醋酸 20mL 使溶解，加结晶紫指示剂 1 滴，用本液缓缓滴至蓝色，并将滴定结果用空白试验校正。每 1mL 高氯酸滴定液（0.1mol/L）相当于 20.42mg 的邻苯二甲酸氢钾。根据邻苯二甲酸氢钾的质量和消耗高氯酸滴定液的体积计算高氯酸滴定液的浓度。

【注意事项】

1. 在配制高氯酸滴定液时，应先用冰醋酸将高氯酸稀释后再缓缓加入醋酐。

2. 使用的仪器应预先洗净烘干。

3. 高氯酸、冰醋酸能腐蚀皮肤，刺激黏膜，应注意防护。

4. 冰醋酸有挥发性，应将高氯酸滴定液置棕色瓶中密闭保存。

5. 结晶紫指示剂指示终点颜色的变化为紫→紫蓝→纯蓝，其中紫→紫蓝的变化时间比较长，而紫蓝→纯蓝的变化时间较短，应注意把握好终点。

6. 微量滴定管的读数可读至小数点后 3 位，最后一位按规定取舍。

7. 近终点时，用少量的溶剂淌洗玻璃壁。

8. 实验结束后应回收溶剂。

【报告内容】

1. 记录邻苯二甲酸氢钾的质量和消耗高氯酸滴定液的体积。

2. 计算高氯酸滴定液的浓度。

3. 计算相对平均偏差。

【问题讨论】

1. 为什么醋酐不能直接加入高氯酸溶液中？

2. 如果锥形瓶中有少量水会带来什么影响。为什么？

3. 为什么要做空白试验？怎样做空白试验？

4. 为什么邻苯二甲酸氢钾既可作为标定碱（NaOH）的基准物质，又可作为标定酸（$HClO_4$）的基准物质？

实训六 枸橼酸钠含量的测定

【实训目的】

1. 掌握用非水溶液酸碱滴定法测定有机酸碱金属盐含量的方法。

2. 进一步巩固非水溶液滴定法的基本操作。

【仪器与试剂】

仪器：微量滴定管（10mL）、锥形瓶（50mL）、分析天平、小量杯。

试剂：标准高氯酸滴定液（0.1mol/L）、枸橼酸钠样品、冰醋酸（A.R.）、醋酐（A.R. 97%、相对密度 1.08）、结晶紫指示剂。

【实训原理】

枸橼酸钠为有机酸的碱金属盐，在水溶液中碱性很弱，不能直接进行酸碱滴定。由于醋酸的酸性比水的酸性强，因此将枸橼酸钠溶解在冰醋酸溶剂中，可增强其碱性，便可用结晶紫为指示剂，用高氯酸做滴定液直接测定其含量。滴定反应为：

$$
\begin{array}{ll}
\text{CH}_2\text{—COONa} & \text{CH}_2\text{—COOH} \\
\quad | & \quad | \\
\text{HO—C—COONa} + 3\text{HClO}_4 \Longleftrightarrow \text{HO—C—COOH} + 3\text{NaClO}_4 \\
\quad | & \quad | \\
\text{CH}_2\text{—COONa} & \text{CH}_2\text{—COOH}
\end{array}
$$

用下式计算枸橼酸钠的含量：

$$
枸橼酸钠\% = \frac{(V_{供} - V_{白})_{\text{HClO}_4} \, F_{\text{HClO}_4} \times 8.602 \times 10^{-3}}{S} \times 100\%
$$

【工作任务】

精确称取枸橼酸钠样品 80mg，加冰醋酸 5mL，加热使之溶解，放冷，加醋酐 10mL 与结晶紫指示剂 1 滴，用高氯酸滴定液（0.1mol/L）滴定至溶液显蓝绿色即为终点，用空白试验校正。每 1mL 高氯酸滴定液（0.1mol/L）相当于 8.602mg 的枸橼酸钠。平行测定 3 次。

【注意事项】

1. 使用的仪器均需预先洗净干燥。

2. 若测定时的室温与标定时的室温相差较大时（一般在 ±2℃以上），需加以校正。

3. 对终点的观察应注意其变色过程，近终点时滴定速度要适当。

【报告内容】

1. 记录枸橼酸钠样品的质量和消耗高氯酸滴定液的体积。

2. 计算枸橼酸钠的含量。

3. 计算相对平均偏差。

【问题讨论】

1. 为什么枸橼酸钠在水中不能直接滴定而在冰醋酸中能直接滴定？

2. 枸橼酸钠的称取量是以什么为依据计算出的？

3. 计算枸橼酸钠的含量的公式中 F_{HClO_4} 表示什么？除了用此公式计算外还可以用什么公式计算？

项目三　沉淀滴定法

实训七　硝酸银滴定溶液的配制与标定

【实训目的】

1. 掌握硝酸银滴定溶液的配制与标定方法。

2. 熟悉吸附指示剂的变色原理。

3. 进一步练习滴定操作。

【仪器与试剂】

仪器：分析天平、台秤、称量瓶、棕色试剂瓶（500mL）、酸式滴定管（棕色、50mL）、量筒（50mL）、烧杯（250mL）、锥形瓶（250mL）、量杯（500mL）。

试剂：基准 NaCl、AgNO$_3$（A.R.）、糊精溶液（1：50）、荧光黄指示剂（0.1% 乙醇溶液）。

【实训原理】

硝酸银滴定溶液一般用间接法配制，然后用基准物质标定其浓度。标定硝酸银滴定溶液一般采用基准 NaCl，用吸附指示剂法确定滴定终点。由于颜色的变化发生在 AgCl 沉淀的表面上，其沉淀的表面积越大，到达滴定终点时，颜色的变化就越明显。为此，可将基准 NaCl 配成较稀的溶液，为了防止 AgCl 胶体的凝聚，常需要加入糊精，使 AgCl 保持胶态。

用荧光黄（HFI）做指示剂，标定 $AgNO_3$ 滴定溶液时，其变色过程可表示为：

终点时：$AgCl \cdot Ag^+ + FI^- \longrightarrow AgCl \cdot Ag^+ \cdot FI^-$

       （黄绿色）   （淡红色）

根据下式计算滴定液的浓度：

$$c_{AgNO_3} = \frac{m_{NaCl} \times 10^3}{V_{AgNO_3} M_{NaCl}}$$

【工作任务】

一、$AgNO_3$ 滴定溶液（0.1mol/L）的配制

取分析纯 $AgNO_3$ 9g，置于 250mL 烧杯中，加纯化水约 100mL 溶解后，移入 500mL 量杯中，用纯化水稀释至 500mL 摇匀，置于棕色磨口瓶中避光保存。

二、$AgNO_3$ 滴定溶液（0.1mol/L）的标定

精确称取 110℃ 干燥至恒重的基准 NaCl 三份，每份约 0.15g，分别置于 250mL 锥形瓶中，各加纯化水 50mL 溶解，再加糊精溶液（1∶50）5mL 与荧光黄指示剂 8 滴，用 $AgNO_3$ 滴定溶液滴定至浑浊液由黄色变为淡红色，即为终点，记录所消耗的 $AgNO_3$ 滴定溶液的体积，平行标定 3 次。

【注意事项】

1. $AgNO_3$ 滴定溶液应用纯化水配制。

2. 光线可促使 $AgNO_3$ 分解出金属银而使沉淀颜色变深，影响终点的观察，因此，滴定时应避免强光直射。应用棕色试剂瓶盛装 $AgNO_3$ 滴定溶液。

【报告内容】

1. 记录称取基准氯化钠的质量和消耗硝酸银滴定溶液的体积。

2. 计算硝酸银滴定溶液的浓度。

3. 计算相对平均偏差。

【问题讨论】

1. $AgNO_3$ 滴定溶液应装在酸式滴定管还是碱式滴定管中？为什么？

2. 配制 $AgNO_3$ 滴定溶液的容器用自来水洗后，若不用纯化水洗而直接用来配制 $AgNO_3$ 滴定溶液，将会出现什么现象？为什么？

3. 有一稀盐酸与氯化钠的混合样品，若用 $AgNO_3$ 滴定溶液测定其中 Cl^- 含量，能否以荧光黄为指示剂直接滴定？

实训八　溴化钾含量的测定

【实训目的】

1. 掌握 KSCN 滴定溶液的配制和标定方法。

2. 熟悉铁铵矾指示剂的变色原理。

【仪器与试剂】

仪器：分析天平、称量瓶、滴定管（50mL）、移液管（25mL）、台秤、洗耳球、锥形瓶（250mL）、烧杯（250mL）、试剂瓶（1000mL）、量杯（500mL）、量筒（10mL）。

试剂：标准 KSCN 滴定溶液（0.1mol/L）、标准 AgNO$_3$ 滴定溶液（0.1mol/L）、KBr（试样）、稀 HNO$_3$（1∶1）、铁铵矾指示剂。

【实训原理】

称取一定量的 KBr 试样溶解后，加入准确过量的 AgNO$_3$ 滴定溶液，使溶液中 Br$^-$ 全部生成 AgBr 沉淀，再加入铁铵矾指示剂，用 KSCN 滴定溶液滴定剩余的 Ag$^+$，滴定反应为：

终点前 $\qquad\qquad$ Ag$^+$（过量）＋Br$^-$ ═══ AgBr↓

$\qquad\qquad\qquad$ Ag$^+$（剩余）＋SCN$^-$ ═══ AgSCN↓

终点时 $\qquad\qquad$ SCN$^-$＋Fe^{3+} ═══ [FeSCN]$^{2+}$

$\qquad\qquad\qquad\qquad\qquad\qquad$（浅红色）

【工作任务】

精确称取 KBr 试样三份，每份约 0.2g，分别置于锥形瓶中，各加 50mL 纯化水溶解，再加入稀 HNO$_3$ 2mL、AgNO$_3$ 滴定溶液（0.1mol/L）25.00mL，混匀后再加入铁铵矾指示剂 2mL，用 KSCN 滴定溶液（0.1mol/L）滴定至浅红色，经振摇后仍不褪色即为终点。根据 KSCN 滴定溶液消耗量，计算 KBr 的含量（M_{KBr}＝119.00g/mol）。

【注意事项】

1. 滴定应在酸性（HNO$_3$）溶液中进行，因为在酸性溶液中既可防止 Fe^{3+} 水解，又可排除与 Ag$^+$ 反应的干扰离子，提高了反应的选择性。

2. 在滴定过程中应充分振摇，使被沉淀吸附的 Ag$^+$ 释放出来，以防止终点提前出现，造成误差。

【报告内容】

1. 记录称取溴化钾试样的质量和消耗硝酸银、硫氰酸钾滴定溶液的体积。

2. 计算溴化钾的含量。

3. 计算相对平均偏差。

【问题讨论】

1. 铁铵矾指示剂法为什么要在 HNO$_3$ 介质中进行？

2. 指示剂中起作用的主要是 Fe^{3+}，能否用 FeCl$_3$ 或 Fe(NO$_3$)$_3$ 代替？

3. 为了提高分析结果的准确性，在滴定操作中应注意什么问题？

实训九　浓氯化钠注射液含量的测定

【实训目的】

1. 理解吸附指示剂法的原理。

2. 掌握用吸附指示剂法测定样品含量的方法。

3. 学会用吸附指示剂确定滴定终点。

【仪器与试剂】

仪器：移液管（10mL）、量瓶（100mL）、酸式滴定管（棕色、50mL）、锥形瓶（250mL）、量筒（50mL、10mL）两个。

试剂：标准 AgNO$_3$ 滴定溶液（0.1mol/L）、浓氯化钠注射液、2%糊精溶液、荧光黄指示剂。

【实训原理】

本品为 NaCl 高渗灭菌水溶液，含 NaCl 应为 $9.50\%\sim10.50\%$（质量分数）。用 $AgNO_3$ 滴定溶液测定 NaCl 注射液的含量，用荧光黄（$K_a\approx10^{-8}$）做指示剂，在化学计量点前，溶液中 Cl^- 过量，生成的 AgCl 胶状沉淀吸附 Cl^- 使沉淀表面带负电荷（$AgCl\cdot Cl^-$），由于同性相斥，故不吸附荧光黄指示剂的阴离子。这时溶液显示指示剂阴离子本身的颜色，即黄绿色。当滴定至化学计量点后 $AgNO_3$ 稍过量时（半滴），溶液中就有过量的 Ag^+，这时 AgCl 沉淀吸附 Ag^+。而生成带正电荷的 $AgCl\cdot Ag^+$ 胶粒，同时吸附荧光黄阴离子，引起荧光黄阴离子结构变化，颜色也由黄绿色转变为淡红色，从而指示终点。终点时其反应式如下：

$$AgCl\cdot Ag^+ + FI^- \longrightarrow AgCl\cdot Ag^+\cdot FI^-$$

（黄绿色）　　　　（淡红色）

根据下式计算氯化钠的含量：

$$NaCl\% = \frac{c_{AgNO_3}V_{AgNO_3}M_{NaCl}\times10^{-3}}{10.00\times\dfrac{10.00}{100.0}}\times100\%$$

【工作任务】

一、供试液的制备

精确吸取浓氯化钠注射液 10.00mL，置于 100.0mL 容量瓶中，加纯水到刻度，摇匀待测定。

二、含量测定

精确吸取上述供试液 10.00mL 置于锥形瓶中，加纯化水 40mL，2％糊精溶液 5mL，荧光黄指示剂 5～8 滴，用 $AgNO_3$ 滴定溶液（0.1mol/L）滴定至淡红色即为终点，平行滴定 3～4 次。

【注意事项】

1. 滴定前先加入糊精溶液保护胶体。

2. 胶体微粒对指示剂离子的吸附能力应略小于对被测离子的吸附能力。即当滴定稍过化学计量点时，胶粒就能立即吸附指示剂阴离子而变色。故本法只能选用荧光黄，否则将引起误差。

3. 溶液的 pH 应控制在中性或弱碱性（pH＝7～10），避免生成氧化银沉淀。

4. 滴定操作应避免在强光下进行，否则卤化银感光分解析出金属银，使沉淀变成灰色或黑灰色，既影响终点观察，又会造成正误差。

5. 100.0mL 容量瓶与 10.00mL 吸量管应配套。

【报告内容】

1. 记录消耗硝酸银滴定溶液的体积。

2. 计算氯化钠的含量和相对平均偏差。

【问题讨论】

1. 用吸附指示剂法测定 NaBr 的含量时应选用何种吸附指示剂？为什么？

2. 滴定前为什么要加糊精溶液？能否用淀粉溶液代替？

项目四 配位滴定法

实训十 EDTA 滴定溶液的配制与标定

【实训目的】

1. 掌握 EDTA 滴定溶液的配制和标定方法。
2. 掌握 EDTA 滴定溶液的标定原理。
3. 学会应用铬黑 T 指示剂确定滴定终点的方法。

【仪器与试剂】

仪器：分析天平、托盘天平、滴定管（25mL）、烧杯（100mL）、锥形瓶（250mL）、量筒（10mL）、试剂瓶。

试剂：$Na_2H_2Y \cdot 2H_2O$（A.R.）、ZnO（基准）、pH＝10 氨-氯化铵缓冲溶液、氨水（1∶1）、稀 HCl、0.025％甲基红乙醇溶液、铬黑 T 指示剂（铬黑 T 0.2g、15mL 三乙醇胺、5mL 乙醇）。

【实训原理】

乙二胺四乙酸在水中溶解度很小，一般用其二钠盐（$Na_2H_2Y \cdot 2H_2O$）配制溶液，二者都简称为 EDTA。对于纯度很高的 EDTA 二钠盐可采用直接法配制，对于纯度不高的，则采用间接法配制，然后再用基准物标定。标定 EDTA 溶液的基准物质有纯 Zn、Cu、Bi、ZnO、$CaCO_3$ 及 $MgSO_4 \cdot 7H_2O$ 等，一般采用 ZnO 作基准物质来标定其浓度。标定反应是在 pH＝10 的氨-氯化铵缓冲溶液中，以铬黑 T 指示剂。有关反应式如下：

终点前
$$Zn^{2+} + HIn^{2-} \longrightarrow ZnIn^- + H^+$$
$$Zn^{2+} + H_2Y^{2-} \longrightarrow ZnY^{2-} + 2H^+$$

终点时
$$ZnIn^- + H_2Y^{2-} \longrightarrow ZnY^{2-} + HIn^{2-} + H^+$$

（紫红色）　　　　　　　　（纯蓝色）

当溶液中游离的 Zn^{2+} 与 EDTA 配位完全时，继续滴加 EDTA 滴定溶液，即可夺取紫红色配合物即 $ZnIn^-$ 中的 Zn^{2+}，生成更加稳定的 ZnY^{2-} 配合物，使指示剂 HIn^{2-} 游离出来，则溶液显蓝色而指示终点。根据消耗滴定溶液的体积和氧化锌的质量，计算出 EDTA 的浓度。

计算公式如下：

$$c_{EDTA} = \frac{m_{ZnO} \times 10^3}{M_{ZnO} V_{EDTA}}$$

【工作任务】

一、EDTA 滴定溶液（0.05mol/L）的配制

称取分析纯 $Na_2H_2Y \cdot 2H_2O$ 9.5g 溶于 300mL 温热纯化水中，冷却后移入聚乙烯瓶或硬质玻璃瓶中，稀释至 500mL，充分摇匀，待标定。

二、EDTA 滴定溶液的标定

精确称取 800℃灼烧至恒重的基准氧化锌约 0.12g，置于锥形瓶中，加稀盐酸 3mL 使溶解，加纯化水 25mL，加 0.025％甲基红的乙醇溶液 1 滴，滴加氨试液至溶液呈微黄色，加纯化水 25mL 与 pH＝10 的氨-氯化铵缓冲溶液 10mL，再加少量铬黑 T 指示剂（溶液为 4 滴），用 EDTA 滴定溶液滴定至溶液由紫红色变为纯蓝色即达终点。必要时可将滴定结果用空白试验校正。平行测定 3 份，根据 EDTA 滴定溶液的消耗量与氧化锌的取用量，计算 EDTA 的浓度。

【注意事项】

1. EDTA 滴定溶液如需长期保存，应储存于聚乙烯瓶中。若储存在玻璃瓶中，EDTA 将会与玻璃中的 Ca^{2+} 作用而生成 CaY^{2-}，使 EDTA 滴定溶液的浓度发生变化。

2. 配制好的固体铬黑 T 指示剂要置于干燥器内，注意防潮。

3. ZnO 加盐酸溶解，务必完全溶解。

【报告内容】

1. 记录称取的 ZnO 质量、标定时消耗 EDTA 滴定溶液的体积。

2. 计算 c_{EDTA} 和相对平均偏差。

【问题讨论】

1. 为什么在滴定溶液中要加氨-氯化铵缓冲溶液？

2. 为什么 ZnO 溶解后要加甲基红指示剂，以氨试剂调节至微黄？

实训十一　水的硬度测定

【实训目的】

1. 熟悉 EDTA 滴定法测定水的硬度方法。

2. 掌握水的硬度表示方法及计算方法。

3. 熟悉掩蔽法及其应用。

【仪器与试剂】

仪器：滴定管、移液管、容量瓶、锥形瓶、量筒、烧杯、洗耳球。

试剂：标准 EDTA 滴定溶液（0.01mol/L）、pH＝10 氨-氯化铵缓冲溶液、NaOH 溶液、铬黑 T 指示剂、钙指示剂、水试样（自来水）。

【实训原理】

水的硬度主要是指水中含有可溶性的钙盐和镁盐的量，一般采用配位滴定法测定。用 EDTA 滴定溶液直接滴定水中 Ca^{2+}、Mg^{2+} 两种离子的总量时，用氨-氯化铵缓冲溶液将水样调节至 pH 约为 10，以铬黑 T 做指示剂。

化学计量点前，Ca^{2+}、Mg^{2+} 与铬黑 T 指示剂形成酒红色配合物，当用 EDTA 滴定溶液滴定至化学计量点时，EDTA 夺取酒红色配合物中的钙、镁离子，游离出指示剂，使溶液呈现纯蓝色，即达到滴定终点。

有关反应式如下：

终点前　　　　　　$Ca^{2+} + HIn^{2-} \longrightarrow CaIn^- + H^+$

$Mg^{2+} + HIn^{2-} \longrightarrow MgIn^- + H^+$

$Ca^{2+} + H_2Y^{2-} \longrightarrow CaY^{2-} + 2H^+$

$Mg^{2+} + H_2Y^{2-} \longrightarrow MgY^{2-} + 2H^+$

终点时　　　　$MgIn^- + H_2Y^{2-} \longrightarrow MgY^{2-} + HIn^{2-} + H^+$

　　　　　（酒红色）　　　　　　　　　　　（纯蓝色）

滴定时，水样中若含有 Fe^{3+}、Al^{3+}、Cu^{2+}、Zn^{2+} 等，则会产生干扰，可加入三乙醇胺掩蔽 Fe^{3+}、Al^{3+}，加入 KCN 或 Na_2S 掩蔽 Cu^{2+}、Zn^{2+}。

水的硬度计算公式为：

总硬度
$$CaCO_3(mg/L) = \frac{c_{EDTA}V_{EDTA}M_{CaCO_3} \times 1000}{V_{样本}}$$

有时需要分别测定水中 Ca^{2+}、Mg^{2+} 的含量，方法是在测得水的硬度之后，另取一份同体积水加入 NaOH 调溶液 pH＞12，使 Mg^{2+} 生成 $Mg(OH)_2$，沉淀而被掩蔽，然后加入钙指示剂，用 EDTA 滴定 Ca^{2+}，即可测得水中 Ca^{2+} 的含量。将测定水的总硬度所消耗的 EDTA 体积 V 减去测定 Ca^{2+} 时消耗的 EDTA 体积 V' 即为水中 Mg^{2+} 所消耗的 EDTA 体积，即可求得水中 Mg^{2+} 的含量。可按下列二式分别计算出水中 Ca^{2+}、Mg^{2+} 两种离子的含量。

$$Ca^{2+}(mg/L) = \frac{c_{EDTA}V_{EDTA}M_{Ca} \times 1000}{V_{样本}}$$

$$Mg^{2+}(mg/L) = \frac{c_{EDTA}(V-V')_{EDTA}M_{Mg} \times 1000}{V_{样本}}$$

【工作任务】

一、0.01mol/L EDTA 滴定溶液的配制

取实训十中制备的 EDTA 滴定溶液 50.00mL，移至 250mL 量瓶中，用纯化水稀释至刻度，充分摇匀即得。

二、水的硬度测定

精密量取水样 100.0mL 置于 250mL 锥形瓶中，加 pH＝10 的氨-氯化铵缓冲溶液 10mL，铬黑 T 指示剂少量，用 EDTA 滴定溶液（0.01mol/L）滴定至溶液由酒红色变为纯蓝色即达终点，记录所耗 EDTA 滴定溶液的体积 V，平行测定 3 次，计算水的硬度。

三、Ca^{2+}、Mg^{2+} 含量的分别测定

精确吸取水样 100.0mL 置于 250mL 锥形瓶中，滴加 NaOH 溶液，使 Mg^{2+} 生成 $Mg(OH)_2$ 沉淀，并使其沉淀完全从溶液中析出后，再滴加 1 滴 NaOH 溶液，仔细观察，应不再出现沉淀，则可加入钙指示剂数滴（或固体钙指示剂一小撮），用 EDTA 滴定溶液（0.01mol/L）滴定，同时不断振摇，当滴至溶液由酒红色变为浅蓝色即为终点，记录所耗 EDTA 滴定溶液的体积 V'。平行测定 3 次，计算水中 Ca^{2+} 的含量。测定水的总硬度和测定 Ca^{2+} 时所耗 EDTA 滴定溶液体积之差 $(V-V')$ 则为水中 Mg^{2+} 所耗 EDTA 滴定溶液的体积，如此可求出水中 Mg^{2+} 的含量。

【注意事项】

1. 若水中硬度较高，在滴定时可产生碳酸钙沉淀，应在滴定前稀释水样。也可在加入缓冲溶液之前，先将水样酸化，搅拌 2min 以驱除 CO_2。

2. 配位滴定反应进行较慢，在滴定接近终点时，应放慢滴定速度，并充分振摇，以保证滴定终点可靠。

【报告内容】

1. 记录：移取水样的体积，测定水的硬度时消耗的 EDTA 滴定溶液的体积，测定水中 Ca^{2+} 含量时消耗的 EDTA 滴定溶液的体积。

2. 计算：水的硬度及平均值，水中钙、镁的含量及平均值，相对平均偏差。

【问题讨论】

1. 用 EDTA 滴定法测定水的硬度的基本原理是什么？采用什么指示剂指示终点？说明其变色原理，溶液 pH 应控制在什么范围？如何控制？

2. 在测定水中 Ca^{2+}、Mg^{2+} 含量时，加入少量的 Mg-EDTA，为什么？它对测定有无影响？

项目五　氧化还原滴定法

实训十二　硫代硫酸钠滴定溶液的配制与标定

【实训目的】

1. 掌握硫代硫酸钠滴定溶液的配制和标定方法。

2. 了解反应条件对氧化-还原反应的影响。

3. 学会使用淀粉指示剂判断滴定终点。

4. 学会正确使用碘量瓶。

【仪器与试剂】

仪器：分析天平、碘量瓶、酸式滴定管、小烧杯。

试剂：$Na_2S_2O_3 \cdot 5H_2O$（固体）、Na_2CO_3（固体）、$K_2Cr_2O_7$（A.R.）、KI（固体）、3mol/L H_2SO_4、淀粉指示剂。

【实训原理】

$Na_2S_2O_3 \cdot 5H_2O$ 结晶易风化和潮解，一般还含有少量杂质，如 NaCl、Na_2SO_4、Na_2CO_3、S 等，所以不能用直接法配制滴定溶液。

$Na_2S_2O_3$ 溶液不稳定，容易受微生物和空气中 CO_2、O_2 的作用而分解，所以配成溶液后，浓度仍有所改变。为了减少溶解在水中的 CO_2、O_2 和杀死水中的微生物，应用新煮沸并冷却的纯化水配制溶液，$Na_2S_2O_3$ 在中性或碱性溶液中较稳定，在酸性溶液中易分解，析出 S，所以加入少量的 Na_2CO_3，以防止 $Na_2S_2O_3$ 分解。

日光能促进 $Na_2S_2O_3$ 溶液分解。因此 $Na_2S_2O_3$ 应储存于棕色瓶中，放置于暗处，经半个月后再标定。长期使用的溶液，应定期标定。

通常用 $K_2Cr_2O_7$ 做基准物标定溶液 $Na_2S_2O_3$ 的浓度，其标定反应如下：

$$Cr_2O_7^{2-} + 6I^- + 14H^+ \longrightarrow 2Cr^{3+} + 3I_2 + 7H_2O$$
$$I_2 + 2S_2O_3^{2-} \longrightarrow 2I^- + S_4O_6^{2-}$$

按下式计算 $Na_2S_2O_3$ 溶液的浓度：

$$c_{Na_2S_2O_3} = \frac{6m_{K_2Cr_2O_7}}{V_{Na_2S_2O_3}M_{K_2Cr_2O_7} \times 10^{-3}}$$

【工作任务】

一、硫代硫酸钠（0.1mol/L）滴定溶液的配制

在托盘天平上称取 $Na_2S_2O_3 \cdot 5H_2O$ 约 13g，Na_2CO_3 0.1g，用新煮沸冷却的纯化水溶

解并稀释至 500mL，摇匀，暗处放置 1 个月后过滤。

二、硫代硫酸钠（0.1mol/L）溶液的标定

精确称取在 120℃ 干燥至恒重的基准重铬酸钾 0.15g 置于碘量瓶中，加纯化水 25mL 使其溶解，加碘化钾 2.0g，轻轻振摇使其溶解，加稀硫酸 20mL，密塞，用蒸馏水封口；置暗处放置 10min 后，加纯化水 150mL 稀释，用 $Na_2S_2O_3$ 滴定溶液滴定至近终点（浅黄绿色）时，加入淀粉指示剂 3mL，继续滴定至终点（蓝色消失而显亮绿色），5min 内不返蓝。平行测定 3 份。

【注意事项】

1. 加液顺序应为水→KI→酸。

2. 因为 I_2 容易挥发损失，在反应过程中要及时盖好碘量瓶瓶盖，并放置于暗处。第一份滴定完后，再取出下一份。

3. 淀粉指示液不能加入过早，否则大量的 I_2 与淀粉结合成蓝色物质，而难于很快地与 $Na_2S_2O_3$ 反应，使终点延后，产生误差。

4. 滴定结束，溶液放置后可能会返蓝，若在 5min 内返蓝，说明重铬酸钾与碘化钾作用不完全，实验应重做。若在 5min 后返蓝，那是因空气氧化所致，对实验结果没有影响。

【报告内容】

1. 记录：称取 $Na_2S_2O_3$ 的质量，配制溶液的体积，$K_2Cr_2O_7$ 的称量质量，消耗滴定溶液的体积。

2. 计算：$Na_2S_2O_3$ 的准确浓度，测定结果的相对平均偏差。

【问题讨论】

1. 本实验采用的是间接碘量法中的哪种滴定方式？如何确定重铬酸钾与硫代硫酸钠的计量关系？

2. 配制 $Na_2S_2O_3$ 溶液时为什么要加入 Na_2CO_3？为什么要用新煮沸冷却的纯化水？

3. 碘量瓶中的溶液在暗处放置 10min 后，取出滴定前为何要加大量纯化水稀释？如果稀释过早，会产生什么后果？

4. 间接碘量法中，加入过量 KI 的目的是什么？

5. 碘量法误差的来源有哪些？应如何避免？

实训十三　硫酸铜样品液含量的测定

【实训目的】

1. 了解间接碘量法测定铜盐的原理。

2. 熟悉间接碘量法的操作方法。

【仪器与试剂】

仪器：酸式滴定管、锥形瓶、移液管。

试剂：标准 $Na_2S_2O_3$ 滴定溶液、20％KI 溶液、$CuSO_4$ 样品液、6mol/L HAc 溶液、淀粉指示剂。

【实训原理】

在弱酸性溶液中，Cu^{2+} 与过量的 I^- 反应，定量地析出 I_2，然后用 $Na_2S_2O_3$ 滴定析出的 I_2：

$$2Cu^{2+}+4I^-\longrightarrow I_2+2CuI\downarrow \quad （乳白色）$$

$$I_2 + 2S_2O_3^{2-} \longrightarrow 2I^- + S_4O_6^{2-}$$

Cu^{2+} 与 I^- 反应是可逆的，为了使反应向右进行完全，必须加入过量的 KI。为了防止铜盐水解，反应必须在酸性溶液中进行。酸度过低，Cu^{2+} 与 I^- 的反应进行不完全，使测定结果偏低；酸度过高，I^- 易被空气中的 O_2 氧化为 I_2，测定结果偏高。所以通常用 HAc 调节溶液的酸性（pH 为 $3.5\sim4.0$）。

按下式计算含量：

$$CuSO_4\% = \frac{c_{Na_2S_2O_3} V_{Na_2S_2O_3} M_{CuSO_4}}{10.00 \times 1000} \times 100\%$$

【工作任务】

用移液管准确移取 $CuSO_4$ 样品液 10.00mL 置于锥形瓶中，加纯化水 20mL，6mol/L HAc 4mL，20%KI 溶液 5mL，立即用 $Na_2S_2O_3$ 滴定溶液滴定至近终点（浅黄色），加淀粉指示剂 1mL，继续滴定至终点（蓝色消失，溶液为米色悬浊液），平行测定 3 份。

【注意事项】

1. 为了防止碘挥发，应先将滴定管装好滴定溶液后再取样品液。碘化钾应滴定前再加入，切忌 3 份同时加入碘化钾后再进行滴定。

2. 为了减小仪器误差，应用同一支移液管移取 3 份 $CuSO_4$ 溶液。

3. 加液顺序应为水→KI→酸。

4. 滴定时，溶液由棕红色变为土黄色，再变为淡黄色，表示已接近终点。

【报告内容】

1. 记录：$CuSO_4$ 样品液的取样量，消耗 $Na_2S_2O_3$ 滴定溶液的体积。

2. 计算：$CuSO_4$ 样品液的含量（g/mL），测定结果的相对平均偏差。

【问题讨论】

1. 用碘量法测定铜盐为什么要在弱酸性溶液中进行？能否在强酸或强碱性溶液中进行？

2. 测定时为什么不能过早加入淀粉溶液？

3. 滴定至终点的溶液放置 5min 后变蓝的原因是什么？对测定结果有无影响？

实训十四　维生素 C 含量的测定

【实训目的】

1. 通过对维生素 C 含量的测定，了解直接碘量法的过程。

2. 进一步掌握碘量法操作。

3. 学会在直接碘量法中淀粉指示剂的正确使用方法，并能正确判断终点。

【仪器与试剂】

仪器：酸式滴定管、锥形瓶、量筒、分析天平。

试剂：标准碘滴定溶液、维生素 C 样品、2mol/L HAc 溶液、淀粉指示剂（0.5% 水溶液）。

【实训原理】

维生素 C（$C_6H_8O_6$）分子中的烯二醇基具有较强的还原性，能被弱氧化剂 I_2（$\varphi = 0.535V$）定量地氧化成二酮基，其反应如下：

1mol 维生素 C 可与 1mol I_2 完全反应，因此，可用 I_2（滴定溶液）直接测定维生素 C 的含量。从上式可知，在碱性条件下更有利于反应向右进行。但是由于维生素 C 的还原性很强，在中性或碱性溶液中更容易被空气中的氧氧化。所以，为了减少维生素 C 受其他氧化剂的影响，此反应应在稀 HAc 溶液中进行。按下式计算维生素的含量：

$$VC\% = \frac{C_{I_2} V_{I_2} M_{VC} \times 10^{-3}}{S} \times 100\%$$

【工作任务】

准确称取维生素 C 样品约 0.2g 于锥形瓶中，加 2mol/L 的 HAc 溶液 10mL，加新鲜纯化水 100mL，待样品溶解完后，加入 1mL 淀粉指示剂，用碘液滴定至溶液由无色变为浅蓝色（30s 内不褪色）即为终点。平行测定 3 份。

【注意事项】

1. I_2 具有挥发性，取后应立即盖好瓶塞。

2. 滴定接近终点时应充分振摇，并放慢滴定速度。

3. 维生素 C 的滴定反应在酸性溶液中进行，样品溶于酸，需立即滴定。

【报告内容】

1. 记录：称取维生素 C 的质量，消耗碘液的体积。

2. 计算：维生素 C 的含量，测定结果的相对平均偏差。

【问题讨论】

1. 维生素 C 本身就是一种酸，为什么测定时还要加酸？

2. 为什么在滴定前才能加入 HAc 和纯化水？

3. 溶解样品时为什么要用新鲜的纯化水？

实训十五 高锰酸钾滴定溶液的配制与标定

【实训目的】

1. 掌握高锰酸钾滴定溶液的配制和保存方法。

2. 掌握用 $Na_2C_2O_4$ 标定 $KMnO_4$ 滴定溶液的方法及条件。

3. 理解自身指示剂的作用原理，并能正确判断终点。

【仪器与试剂】

仪器：恒温水浴锅、分析天平、酸式滴定管、锥形瓶。

试剂：$KMnO_4$（固体、A.R.）、$Na_2C_2O_4$（A.R.）、3mol/L H_2SO_4 溶液。

【实训原理】

$KMnO_4$ 为一种强氧化剂，其标定溶液常用的是 $Na_2C_2O_4$。因为 $Na_2C_2O_4$ 不含结晶水，性质稳定，容易精制。其标定反应如下：

$$2MnO_4^- + 5C_2O_4^{2-} + 16H^+ \longrightarrow 2Mn^{2+} + 10CO_2\uparrow + 8H_2O$$

此反应速率较慢，可采用增大反应物浓度和升高温度的方法来提高反应速率。为了防止温度过高使 $Na_2C_2O_4$ 分解，一般在水浴锅中加热至 65℃，用待标定的 $KMnO_4$ 滴定溶液滴定至溶液出现浅红色即为终点（自身指示剂）。

$KMnO_4$ 浓度按下式计算：

$$c_{KMnO_4} = \frac{2}{5} \times \frac{m_{Na_2C_2O_4}}{M_{Na_2C_2O_4} V_{KMnO_4}} \times 10^3$$

【工作任务】

一、KMnO₄ 滴定溶液（0.02mol/L）的配制

在台秤上称取 KMnO₄ 3.2g 于小烧杯中，加纯化水 1000mL，煮沸 15min，密塞，静置 2d 以上，用垂熔玻璃滤器过滤，摇匀，备用。

二、KMnO₄ 滴定溶液（0.02mol/L）的标定

精确称取在 105℃ 干燥至恒重的基准草酸钠约 0.2g，加入新煮沸过的冷纯化水 25mL，3mol/L H₂SO₄ 10mL，使其溶解，自滴定管中迅速加入待标定的 KMnO₄ 溶液约 25mL，放在 65℃ 热水浴锅中加热，待褪色后，继续滴定至溶液显微红色且 30s 不褪色即为终点。注意，滴定结束时，溶液温度应不低于 55℃。平行测定 3 份。

【注意事项】

1. KMnO₄ 为深色溶液，凹月面不易读准，应读水平面。

2. 终点时溶液刚好出现均匀的淡红色，应将锥形瓶静置一会，观察淡红色消失的时间。

3. 实验结束后，应立即用自来水冲洗滴定管，避免 MnO₂ 沉淀堵塞滴定管管尖。

【报告内容】

1. 记录：称取 KMnO₄ 的质量，配制溶液的体积，称取 Na₂C₂O₄ 的质量，消耗滴定溶液的体积。

2. 计算：KMnO₄ 滴定溶液的准确浓度和相对平均偏差。

【问题讨论】

1. KMnO₄ 溶液能否装在碱式滴定管中？为什么？

2. 用 Na₂C₂O₄ 标定 KMnO₄ 滴定溶液时，溶液的酸度对反应有无影响？如果滴定前未加酸，会产生什么后果？

3. 用 Na₂C₂O₄ 标定 KMnO₄ 滴定溶液时，为什么要加热？是否温度越高越好？为什么？

4. 滴定管盛放 KMnO₄ 滴定溶液时间较长后，管壁呈棕褐色，管尖也会堵塞，这是为什么？实验结束后，应如何处理滴定管？

实训十六　H₂O₂ 含量的测定

【实训目的】

1. 理解用 KMnO₄ 法测定 H₂O₂ 的原理。

2. 掌握用 KMnO₄ 法测定 H₂O₂ 的方法。

【仪器与试剂】

仪器：刻度吸管（2mL）、酸式滴定管、锥形瓶。

试剂：标准 KMnO₄ 滴定溶液（0.02mol/L）、3% H₂O₂ 溶液、3mol/L H₂SO₄ 溶液。

【实训原理】

在稀硫酸溶液中，室温条件下 H₂O₂ 能被 KMnO₄ 定量地氧化成 O₂ 和 H₂O，因此，可以用 KMnO₄ 法直接测定 H₂O₂ 的含量。其反应如下：

$$5H_2O_2 + 2MnO_4^- + 6H^+ \longrightarrow 2Mn^{2+} + 5O_2\uparrow + 8H_2O$$

滴定开始时，反应较慢，滴入第一滴溶液不易褪色，待有少量 Mn²⁺ 生成后，由于 Mn²⁺ 的自动催化作用，反应速率逐步加快，滴定速度才可适当加快。滴定至终点时，溶液显微红色，30s 内不褪色。

按下式计算 H_2O_2 的含量：

$$H_2O_2\% = \frac{5}{2} \times \frac{c_{KMnO_4} V_{KMnO_4} M_{H_2O_2} \times 10^{-3}}{V_S} \times 100\%$$

【工作任务】

用刻度吸管移取样品 H_2O_2 液 1.00mL，置于贮有 20mL 纯化水的锥形瓶中，加入 3mol/L H_2SO_4 10mL，用 $KMnO_4$ 滴定溶液滴定至溶液由无色刚好转变为淡红色，30s 内不褪色即为终点。平行测定 3 份。

【注意事项】

1. H_2O_2 取样量少，应特别注意减少取样误差。

2. 为了减少 H_2O_2 因挥发、分解所带来的误差，每份 H_2O_2 样品应在测定前取。

3. 由于开始时反应速率较慢，$KMnO_4$ 滴定溶液应逐滴加入，每加入 1 滴，应将锥形瓶用力旋摇，待溶液的红色消失后，才能加入第二滴。若滴定速度过快，会生成棕色的 MnO_2 沉淀。

【报告内容】

1. 记录：H_2O_2 样品液的用量，消耗 $KMnO_4$ 滴定溶液的体积。

2. 计算：H_2O_2 的含量（$H_2O_2\%$，g/100mL）和相对平均偏差。

【问题讨论】

1. 用 $KMnO_4$ 溶液测定 H_2O_2 含量时，能否用加热的方法提高反应速率？

2. 若取样量不准确，实际体积小于 1.00mL，会对测定结果产生什么影响？

3. 可能导致测定结果精密度差的原因有哪些？操作中应如何避免？

实训十七　药用硫酸亚铁含量的测定

【实训目的】

熟悉用 $KMnO_4$ 标准液法测定硫酸亚铁 $FeSO_4 \cdot 7H_2O$ 的原理和方法。

【仪器与试剂】

仪器：酸式滴定管、锥形瓶、量筒 100mL。

试剂：标准 $KMnO_4$ 滴定溶液（0.02mol/L）、硫酸亚铁 $FeSO_4 \cdot 7H_2O$、3mol/L H_2SO_4 溶液。

【实训原理】

在酸性溶液中，$KMnO_4$ 将亚铁氧化成高铁盐，利用自身作为指示剂指示终点。反应式如下：

$$MnO_4^- + 5Fe^{2+} + 8H^+ \longrightarrow Mn^{2+} + 5Fe^{3+} + 4H_2O$$

硫酸亚铁的含量按下式计算：

$$w_{FeSO_4 \cdot 7H_2O}（\%）= \frac{c_{KMnO_4} V_{KMnO_4} \times 5 \times \dfrac{M_{FeSO_4 \cdot 7H_2O}}{1000}}{W_{sample}} \times 100\%$$

$$M_{FeSO_4 \cdot 7H_2O} = 278.01 g/mol$$

【工作任务】

精确称取样品约 0.6g，加硫酸溶液与纯化水各 15mL，溶解后，立即用 $KMnO_4$ 溶液滴定至淡红色且 30s 不褪色，即达到终点。

【注意事项】

1. 药用硫酸亚铁易结块，称量时应注意。

2. 溶解硫酸亚铁样品先加酸后加水，否则易水解

【报告内容】

1. 记录：称取样品的质量，消耗 $KMnO_4$ 滴定溶液的体积。

2. 计算：硫酸亚铁 $FeSO_4 \cdot 7H_2O$ 含量和相对平均偏差。

【问题讨论】

1. 在硫酸酸性溶液中，用 $KMnO_4$ 滴定 Fe^{2+} 时，反应能够进行完全吗？

2. 硫酸亚铁糖浆能否用 $KMnO_4$ 标准溶液滴定？为什么？

《化学实验技能》 课程教学建议

一、课程设计思路

《化学实验技能》课程在第 1 学期开设，总课时为 64 学时，课程框架及学时分配如下表所示。

模 块		学 时
		理论、实践
1	模块一 化学实验技能基础知识	6
2	模块二 化学实验基本操作	14
3	模块三 混合物分离技术	28
4	模块四 样品含量测定技术	14
考核		2
合计		64

二、内容安排

序号	工作任务	课程内容和教学要求	学时	活动建议
1	实验室规则与一般安全知识	(1)介绍实验室规则 (2)介绍实验室安全守则	2	(1)讲授 (2)小组讨论
2	化学试剂、实验室用水、试纸	(1)介绍化学试剂的分类、选用 (2)介绍实验室用水的制备 (3)介绍试纸的类型及用途	2	(1)讲授 (2)参观试剂库
3	常用玻璃仪器的认领及洗涤方法	(1)介绍玻璃仪器的分类 (2)认识一般玻璃仪器 (3)讲述玻璃仪器的洗涤方法	2	(1)讲授 (2)学生实验
4	天平与称量技术	(1)天平分类、分析天平的使用规则 (2) 直接称量法 (3) 递减称量法	6	(1)讲解 (2)小组讨论 (3)学生实验 (4)实验报告
5	溶液配制技术	(1)初步学会吸量管、移液管和容量瓶的使用 (2)学会取用固体试剂及倾倒液体试剂的方法 (3)掌握溶液配制操作	4	(1)教师指导 (2)学生实验 (3)实验报告
6	熔点测定技术	(1)掌握一些常见的加热方法 (2)掌握测定熔点的操作 (3)了解熔点测定的意义	4	(1)教师指导 (2)学生实验 (3)实验报告

序号	工作任务	课程内容和教学要求	学时	活动建议
7	混合物分离技术	一、过滤技术 (1)认识过滤基本概念 (2)掌握过滤基本操作	4	(1)教师指导 (2)学生实验 (3)实验报告
		二、结晶与重结晶技术 (1)掌握结晶与重结晶的原理 (2)掌握结晶与重结晶操作方法	4	(1)教师指导 (2)学生实验 (3)实验报告
		三、萃取技术 (1)认知萃取原理 (2)掌握用分液漏斗进行分离提取的操作	4	(1)教师指导 (2)学生实验 (3)实验报告
		四、普通蒸馏技术 (1)掌握普通蒸馏的操作和原理 (2)了解测定沸点的方法、意义及应用	4	(1)教师指导 (2)学生实验 (3)实验报告
		五、分馏及回流技术 (1)认识分馏原理 (2)熟悉分馏装置 (3)掌握分馏方法	4	(1)教师指导 (2)学生实验 (3)实验报告
		六、水蒸气蒸馏技术 (1)掌握水蒸气蒸馏原理 (2)掌握水蒸气蒸馏操作	4	(1)教师指导 (2)学生实验 (3)实验报告
		七、减压蒸馏技术 掌握减压蒸馏的操作和原理	4	(1)教师指导 (2)学生实验 (3)实验报告
8	滴定分析技术	一、滴定分析常用仪器及基本操作 (1)认识常用滴定分析仪器及洗涤 (2)一般掌握滴定的基本操作	4	(1)教师指导 (2)学生实验 (3)实验报告
		二、滴定分析基本操作滴定练习 (1)熟练掌握滴定分析仪器的洗涤方法 (2)学会滴定分析仪器的正确使用方法	4	(1)教师指导 (2)学生实验 (3)实验报告
9	选做实验		6	
10	实验考核		2	

化学实验技能练习题

一、单项选择题

实验室安全知识

1. 实验室安全守则中规定，严格禁止任何（　　）入口或接触伤口，不能用（　　）代替餐具。
   A. 食品，烧杯　　B. 药品，玻璃仪器　　C. 药品，烧杯　　D. 食品，玻璃仪器

   参考答案：B

2. 电气设备火灾宜用（　　）灭火。
   A. 水　　　　B. 泡沫灭火器　　　　C. 干粉灭火器　　　　D. 湿抹布

   参考答案：C

3. 检查可燃气体管道或装置气路是否漏气，禁止使用（　　）。
   A. 火焰
   B. 肥皂水
   C. 十二烷基硫酸钠水溶液
   D. 部分管道浸入水中的方法

   参考答案：A

4. 金属钠着火，可选用的灭火器是（　　）。
   A. 泡沫式灭火器　　B. 干粉灭火器　　C. 1211 灭火器　　D. 7150 灭火器

   参考答案：D

5. 能用水扑灭的火灾种类是（　　）
   A. 可燃性液体，如石油、食用油
   B. 可燃性金属如钾、钠、钙、镁等
   C. 木材、纸张、棉花燃烧
   D. 可燃性气体如煤气、石油液化气

   参考答案：C

6. 贮存易燃易爆、强氧化性物质时，最高温度不能高于（　　）。
   A. 20℃　　　　B. 10℃　　　　C. 30℃　　　　D. 0℃

   参考答案：C

7. 化学烧伤中，酸的蚀伤，应用大量的水冲洗，然后用（　　）冲洗，再用水冲洗。
   A. 0.3mol/LHAc 溶液
   B. 2%NaHCO$_3$ 溶液
   C. 0.3mol/LHCl 溶液
   D. 2%NaOH 溶液

   参考答案：B

8. 急性呼吸系统中毒后的急救方法正确的是（　　）。
   A. 要反复进行多次洗胃
   B. 立即用大量自来水冲洗
   C. 用 3%～5%碳酸氢钠溶液或用（1＋5000）高锰酸钾溶液洗胃
   D. 应使中毒者迅速离开现场，移到通风良好的地方，呼吸新鲜空气

参考答案：D

9. 下列试剂中不属于易制毒化学品的是（　　　）。
   A. 浓硫酸　　　　　B. 无水乙醇　　　　　C. 浓盐酸　　　　　D. 高锰酸钾
   参考答案：B

10. 下列有关贮藏危险品方法不正确的是（　　　）
   A. 危险品贮藏室应干燥、朝北、通风良好　　　B. 门窗应坚固，门应朝外开
   C. 门窗应坚固，门应朝内开　　　　　　　　　D. 贮藏室应设在四周不靠建筑物的地方
   参考答案：C

11. 下列中毒急救方法错误的是（　　　）
   A. 呼吸系统急性中毒性，应使中毒者离开现场，使其呼吸新鲜空气或做抗休处理
   B. H_2S 中毒立即进行洗胃，使之呕吐
   C. 误食了重金属盐溶液立即洗胃，使之呕吐
   D. 皮肤、眼、鼻受毒物侵害时立即用大量自来水冲洗
   参考答案：B

12. 下列药品需要用专柜由专人负责贮存的是（　　　）。
   A. KOH　　　　　B. KCN　　　　　C. $KMnO_4$　　　　　D. 浓 H_2SO_4
   参考答案：B

13. 一般分析工作应选择以下哪一类试剂（　　　）。
   A. 优级纯　　　　　B. 分析试剂　　　　　C. 化学纯　　　　　D. 实际试剂
   参考答案：C

14. 打开浓盐酸、浓硝酸、浓氨水等试剂瓶塞时，应在（　　　）中进行。
   A. 冷水浴　　　　　B. 走廊　　　　　C. 通风橱　　　　　D. 药品库
   参考答案：C

15. 含无机酸的废液可采用（　　　）处理。
   A. 沉淀法　　　　　B. 萃取法　　　　　C. 中和法　　　　　D. 氧化还原法
   参考答案：C

16. 进行有危险性的工作，应（　　　）。
   A. 穿戴工作服　　　B. 戴手套　　　　　C. 有第二者陪伴　　　D. 自己独立完成
   参考答案：C

17. 冷却浴或加热浴用的试剂可选用（　　　）。
   A. 优级纯　　　　　B. 分析纯　　　　　C. 化学纯　　　　　D. 工业品
   参考答案：D

18. 因吸入少量氯气．溴蒸气而中毒者，可用（　　　）漱口。
   A. 碳酸氢钠溶液　　B. 碳酸钠溶液　　　C. 硫酸铜溶液　　　D. 醋酸溶液
   参考答案：A

19. 应该放在远离有机物及还原性物质的地方，使用时不能戴橡皮手套的是（　　　）。
   A. 浓硫酸　　　　　B. 浓盐酸　　　　　C. 浓硝酸　　　　　D. 浓高氯酸
   参考答案：D

20. 用 HF 处理试样时，使用的器皿是（　　　）。
   A. 玻璃　　　　　　B. 玛瑙　　　　　　C. 铂金　　　　　　D. 陶瓷

参考答案：C

21. 实验用水电导率的测定要注意避免空气中的（　　）溶于水，使水的电导率（　　）
    A. 氧气、减小　　B. 二氧化碳、增大　　C. 氧气、增大　　　D. 二氧化碳、减小
参考答案：B

22. 一般分析实验和科学研究中适用（　　）
    A. 优级纯试剂　　B. 分析纯试剂　　　C. 化学纯试剂　　　D. 实验试剂
参考答案：B

23. 铬酸洗液呈（　　）颜色时表明氧化能力已降低至不能使用。
    A. 黄绿色　　　B. 暗红色　　　C. 无色　　　D. 蓝色
参考答案：A

实验用水

1. 国家标准规定的实验室用水分为（　　）级。
    A. 4　　　　B. 5　　　　C. 3　　　　D. 2
参考答案：C

2. 实验室三级水不能用以下办法来进行制备（　　）。
    A. 蒸馏　　　B. 电渗析　　　C. 过滤　　　D. 离子交换
参考答案：C

3. 下列各种装置中，不能用于制备实验室用水的是（　　）。
    A. 回馏装置　　B. 蒸馏装置　　　C. 离子交换装置　　D. 电渗析装置
参考答案：A

4. 分析实验室用水不控制（　　）指标。
    A. pH 值范围　　B. 细菌　　　C. 电导率　　　D. 吸光度
参考答案：B

5. 分析用水的电导率应小于（　　）。
    A. $1.0\mu S/cm$　　B. $0.1\mu S/cm$　　C. $5.0\mu S/cm$　　D. $0.5\mu S/cm$
参考答案：C

6. 国家规定实验室三级水检验的 pH 标准为（　　）。
    A. 5.0～6.0　　B. 6.0～7.0　　C. 6.0～7.5　　D. 5.0～7.5
参考答案：D

7. 实验室三级水用于一般化学分析试验，可以用于储存三级水的容器有（　　）。
    A. 带盖子的塑料水桶　　　　　　B. 密闭的专用聚乙烯容器
    C. 有机玻璃水箱　　　　　　　　D. 密闭的瓷容器中
参考答案：B

化学试剂

1. 国家一级标准物质的代号用（　　）表示。
    A. GB　　　B. GBW　　　C. GBW（E）　　D. GB/T
参考答案：B

2. 我国的二级标准物质可用代号（　　）表示。
    A. GB（2）　　B. GBW　　　C. GBW（2）　　D. GBW（E）
参考答案：D

3. IUPAC 中 C 级标准试剂的是含量为（   ）的标准试剂。
   A.（100±0.01）%   B.（100±0.02）%   C.（100±0.05）%   D.（100±0.1）%
   参考答案：B

4. 化学试剂根据（   ）可分为一般化学试剂和特殊化学试剂。
   A. 用途   B. 性质   C. 规格   D. 使用常识
   参考答案：A

5. 某一试剂其标签上英文缩写为 AR，其应为（   ）
   A. 优级纯   B. 化学纯   C. 分析纯   D. 生化试剂
   参考答案：C

6. 某一试剂为优级纯，则其标签颜色应为（   ）
   A. 绿色   B. 红色   C. 蓝色   D. 咖啡色
   参考答案：A

7. 作为基准试剂，其杂质含量应略低于（   ）
   A. 分析纯   B. 优级纯   C. 化学纯   D. 实验试剂
   参考答案：B

8. 各种试剂按纯度从高到低的代号顺序是（   ）。
   A. G. R. ＞A. R. ＞C. P.   B. G. R. ＞C. P. ＞A. R.
   C. A. R. ＞C. P. ＞G. R.   D. C. P. ＞A. R. ＞G. R.
   参考答案：A

9. 国际纯粹化学和应用化学联合会将作为标准物质的化学试剂按纯度分为（   ）。
   A. 6 级   B. 5 级   C. 4 级   D. 3 级
   参考答案：B

10. 我国标准物分级可分为（   ）级。
    A. 一   B. 二   C. 三   D. 四
    参考答案：B

误差

1. 分析测定中出现的下列情况，何种属于偶然误差（   ）。
   A. 滴定时所加试剂中含有微量的被测物质   B. 滴定管读取的数偏高或偏低
   C. 所用试剂含干扰离子   D. 室温升高
   参考答案：B

2. 检验方法是否可靠的办法（   ）。
   A. 校正仪器   B. 加标回收率   C. 增加测定的次数   D. 空白试验
   参考答案：B

3. 可用下述哪种方法减少滴定过程中的偶然误差（   ）。
   A. 进行对照试验   B. 进行空白试验   C. 进行仪器校准   D. 增加平行测定次数
   参考答案：D

4. 系统误差的性质是（   ）。
   A. 随机产生   B. 具有单向性   C. 呈正态分布   D. 难以测定
   参考答案：B

5. 下列各措施可减小偶然误差的是（   ）。

A. 校准砝码　　　　　B. 进行空白试验　　C. 增加平行测定次数　　D. 进行对照试验

参考答案：C

6. 下述论述中错误的是（　　　）。

   A. 方法误差属于系统误差　　　　　　　　B. 系统误差包括操作误差

   C. 系统误差呈现正态分布　　　　　　　　D. 系统误差具有单向性

参考答案：C

7. 由分析操作过程中某些不确定的因素造成的误差称为（　　　）

   A. 绝对误差　　　　B. 相对误差　　　　C. 系统误差　　　　　　D. 随机误差

参考答案：D

8. 下列关于平行测定结果准确度与精密度的描述正确的有（　　　）。

   A. 精密度高则没有随机误差　　　　　　　B. 精密度高则准确度一定高

   C. 精密度高表明方法的重现性好　　　　　D. 存在系统误差则精密度一定不高

参考答案：C

9. 标准偏差的大小说明（　　　）。

   A. 数据的分散程度　　　　　　　　　　　B. 数据与平均值的偏离程度

   C. 数据的大小　　　　　　　　　　　　　D. 数据的准确程度

参考答案：A

10. 配制的标准溶液浓度与规定浓度相对误差不得大于（　　　）。

   A. 0.01　　　　　B. 0.02　　　　　C. 0.05　　　　　　D. 0.1

参考答案：C

11. 终点误差的产生是由于（　　　）。

   A. 滴定终点与化学计量点不符　　　　　　B. 滴定反应不完全；

   C. 试样不够纯净　　　　　　　　　　　　D. 滴定管读数不准确

参考答案：A

12. 总体标准偏差的大小说明（　　　）

   A. 数据的分散程度　　　　　　　　　　　B. 数据与平均值的偏离程度

   C. 数据的大小　　　　　　　　　　　　　D. 工序能力的大小

参考答案：A

13. 相对误差的计算公式是（　　　）。

   A. $E(\%)=$真实值－绝对误差　　　　　B. $E(\%)=$绝对误差－真实值

   C. $E(\%)=$（绝对误差/真实值）$\times100\%$　　D. $E(\%)=$（真实值/绝对误差）$\times100\%$

参考答案：C

14. 在一组平行测定中，测得试样中钙的质量分数分别为 22.38、22.36、22.40、22.48，用 Q 检验判断，应弃去的是（　　　）。（已知：$Q_{0.90}=0.64$，$n=5$）

   A. 22.38　　　　B. 22.4　　　　C. 22.48　　　　　　D. 22.36

参考答案：C

15. 按 Q 检验法（当 $n=4$ 时，$Q_{0.90}=0.76$）删除逸出值，下列哪组数据中有逸出值，应予以删除（　　　）。

   A. 3.03；3.04；3.05；3.13　　　　　B. 97.50；98.50；99.00；99.50

   C. 0.1042；0.1044；0.1045；0.1047　　D. 0.2122；0.2126；0.2130；0.2134

参考答案：A

16. 某标准溶液的浓度，其三次平行测定结果为：0.1023mol/L、0.1020mol/L、0.1024mol/L，如果第四次测定结果不为 Q 检验法（$n=4$，$Q_{0.95}=0.76$）所弃去，则其最低值应为（　　）。

A. 0.1027mol/L　　B. 0.1008mol/L　　C. 0.1023mol/L　　　　D. 0.1010mol/L

参考答案：A

17. 某煤中水分含量在5%至10%之间时，规定平行测定结果的允许绝对偏差不大于0.3%，对某一煤实验进行3次平行测定，其结果分别为7.17%、7.31%及7.72%，应弃去的是（　　）。

A. 0.0772　　　　B. 0.0717　　　　C. 7.72%和7.31%　　D. 0.0731

参考答案：A

18. 若一组数据中最小测定值为可疑时，用4d法检验是否≥4的公式为（　　）。

A. $|X_{\text{mix}}-M|/d$　　　　　　　　B. S/R

C. $(X_n-X_{n-1})/R$　　　　　　　　D. $(X_2-X_1)/(X_n-X_1)$

参考答案：A

19. 两位分析人员对同一样品进行分析，得到两组数据，要判断两组分析的精密度有无显著性差异，应该用（　　）。

A. Q检验法　　　B. F检验法　　　　C. 格布鲁斯法　　　　D. t检验法

参考答案：B

20. 测定 SO_2 的质量分数，得到下列数据（%）28.62，28.59，28.51，28.52，28.61；则置信度为95%时平均值的置信区间为（　　）。（已知置信度为95%，$n=5$，$t=2.776$）

A. 28.57±0.12　　B. 28.57±0.13　　C. 28.56±0.13　　D. 28.57±0.06

参考答案：D

21. 测定某试样，五次结果的平均值为32.30%，$S=0.13\%$，置信度为95%时（$t=2.78$），置信区间报告如下，其中合理的是哪个（　　）。

A. 32.30±0.16　　B. 32.30±0.162　　C. 32.30±0.1616　　　　D. 32.30±0.21

参考答案：A

22. 某人根据置信度为95%对某项分析结果计算后，写出如下报告，合理的是（　　）。

A. （25.48±0.1）%　　　　　　　　B. （25.48±0.135）%

C. （25.48±0.1348）%　　　　　　　D. （25.48±0.13）%

参考答案：D

23. 下列说法是错误的（　　）。

A. 置信区间是在一定的几率范围内，估计出来的包括可能参数在内的一个区间

B. 置信度越高，置信区间就越宽　　　C. 置信度越高，置信区间就越窄

D. 在一定置信度下，适当增加测定次数，置信区间会增大

参考答案：C

24. 下列有关置信区间的定义中，正确的是（　　）。

A. 以真值为中心的某一区间包括测定结果的平均值的几率

B. 在一定置信度时，以测量值的平均值为中心的，包括真值在内的可靠范围

C. 总体平均值与测定结果的平均值相等的几率

D. 在一定置信度时，以真值为中心的可靠范围

参考答案：B

25. 置信区间的大小受（　　）的影响。

　　A. 总体平均值　　　B. 平均值　　　　C. 置信度　　　　　D. 真值

参考答案：C

26. 当置信度为 0.95 时，测得 Al_2O_3 的 μ 置信区间为 $(35.21\pm0.10)\%$，其意义是（　　）。

　　A. 在所测定的数据中有 95％在此区间内

　　B. 若再进行测定，将有 95％的数据落入此区间内

　　C. 总体平均值 μ 落入此区间的概率为 0.95

　　D. 在此区间内包含 μ 值的概率为 0.95

参考答案：D

有效数字

1. $1.34\times10^{-3}\%$ 有效数字是（　　）位。

　　A. 6　　　　　　　　B. 5　　　　　　　　C. 3　　　　　　　　D. 8

参考答案：C

2. pH＝2.0，其有效数字为（　　）。

　　A. 1 位　　　　　　B. 2 位　　　　　　C. 3 位　　　　　　D. 4 位

参考答案：A

3. pH＝5.26 中的有效数字是（　　）位。

　　A. 0　　　　　　　　B. 2　　　　　　　　C. 3　　　　　　　　D. 4

参考答案：B

4. 测定煤中含硫量时，规定称样量为 3g 精确至 0.1g，则下列哪组数据表示结果更合理（　　）。

　　A. 0.042％　　　B. 0.0420％　　　C. 0.04198％　　　D. 0.04％

参考答案：A

5. 滴定管在记录读数时，小数点后应保留（　　）位。

　　A. 1　　　　　　　　B. 2　　　　　　　　C. 3　　　　　　　　D. 4

参考答案：B

6. 分析工作中实际能够测量到的数字称为（　　）。

　　A. 精密数字　　　B. 准确数字　　　C. 可靠数字　　　D. 有效数字

参考答案：D

7. 某标准滴定溶液的浓度为 0.5010mol·L，它的有效数字是（　　）。

　　A. 5 位　　　　　　B. 4 位　　　　　　C. 3 位　　　　　　D. 2 位

参考答案：B

8. 某计算式为 1＋105.26＋106.42＋104.09＋101.09＋10－2.31＋10－6.41，按有效数字规则其结果为（　　）。

　　A. 1　　　　　　　B. 106.45　　　　　C. 108.14　　　　　D. 106.42

参考答案：B

9. 下列各数中，有效数字位数为四位的是（　　）。

　　A. [H^+]＝0.0003mol/L　　　　　　B. pH＝8.89

　　C. c(HCl)＝0.1001mol/L　　　　　　D. 400mg/L

参考答案：C

10. 下列数据记录有错误的是（　　　）。

    A. 分析天平 0.2800g　　　　　　　B. 移液管 25.00mL

    C. 滴定管 25.00mL　　　　　　　　D. 量筒 25.00mL

    参考答案：D

11. 下列数据中，有效数字位数为 4 位的是（　　　）。

    A. $[H^+]$＝0.002mol/L　　　　　　B. pH＝10.34

    C. ω＝14.56%　　　　　　　　　　D. ω＝0.031%

    参考答案：C

12. 下列数字中有三位有效数字的是（　　　）。

    A. 溶液的 pH 为 4.30　　　　　　　B. 滴定管量取溶液的体积为 5.40mL

    C. 分析天平称量试样的质量为 5.3200g　D. 移液管移取溶液 25.00mL

    参考答案：B

13. 下面数据中是四位有效数字的是（　　　）

    A. 0.0376　　　　B. 18960　　　　C. 0.07521　　　　D. pH＝8.893

    参考答案：C

14. 由计算器计算 9.25×0.21334÷（1.200×100）的结果为 0.0164449，按有效数字规则将结果修约为（　　　）。

    A. 0.016445　　　B. 0.01645　　　C. 0.01644　　　D. 0.0164

    参考答案：C

15. 有效数字是指实际上能测量得到的数字，只保留末一位（　　　）数字，其余数字均为准确数字。

    A. 可疑　　　　B. 准确　　　　C. 不可读　　　　D. 可读

    参考答案：A

16. 欲测某水泥熟料中的 SO_3 含量，由五人分别进行测定。试样称取量皆为 2.2g，五人获得五份报告如下。哪一份报告是合理的（　　　）

    A. 0.020852　　　B. 0.02085　　　C. 0.0208　　　D. 2.1%

    参考答案：D

17. 质量分数大于 10% 的分析结果，一般要求有（　　　）有效数字。

    A. 一位　　　　B. 两位　　　　C. 三位　　　　D. 四位

    参考答案：D

18. 将 1245 修约为三位有效数字，正确的是（　　　）。

    A. 1240　　　B. 1250　　　C. $1.24×10^3$　　　D. $1.25×10^3$

    参考答案：C

19. 将下列数值修约成 3 位有效数字，其中（　　　）是错误的。

    A. 6.5350→6.54　B. 6.5342→6.53　C. 6.545→6.55　D. 6.5252→6.53

    参考答案：C

20. 下列四个数据中修改为四位有效数字后为 0.5624 的是（　　　）。

    A. 0.56234　　　B. 0.562349　　　C. 0.56245　　　D. 0.562451

    参考答案：C

21. 在不加样品的情况下，用测定样品同样的方法、步骤，对空白样品进行定量分析，称之为（　　　）。
  A. 对照试验   B. 空白试验   C. 平行试验   D. 预试验

  参考答案：B

22. 在分析过程中，检查有无系统误差存在，作（　　　）试验是最有效的方法，这样可校正测试结果，消除系统误差。

  A. 重复   B. 空白   C. 对照   D. 再现性

  参考答案：C

23. 在进行离子鉴定时未得到肯定结果，如怀疑试剂已变质应进行（　　　）。

  A. 重复实验   B. 对照实验   C. 空白试验   D. 灵敏性试验

  参考答案：B

24. 在生产单位中，为检验分析人员之间是否存在系统误差，常用以下哪种方法进行校正（　　　）。

  A. 空白实验   B. 校准仪器   C. 对照实验   D. 增加平行测定次数

  参考答案：C

25. 在同样的条件下，用标样代替试样进行的平行测定叫做（　　　）

  A. 空白实验   B. 对照实验   C. 回收实验   D. 校正实验

  参考答案：B

酸碱滴定

1. 标定 NaOH 溶液常用的基准物是（　　　）。

  A. 无水 Na_2CO_3 B. 邻苯二甲酸氢钾 C. $CaCO_3$ D. 硼砂

  参考答案：B

2. 酚酞的变色范围为（　　　）。

  A. 8.0～9.6   B. 4.4～10.0 C. 9.4～10.6 D. 7.2～8.8

  参考答案：A

3. 配制酚酞指示剂选用的溶剂是（　　　）。

  A. 水-甲醇   B. 水-乙醇   C. 水   D. 水-丙酮

  参考答案：B

4. 酸碱滴定曲线直接描述的内容是（　　　）。

  A. 指示剂的变色范围   B. 滴定过程中 pH 变化规律

  C. 滴定过程中酸碱浓度变化规律 D. 滴定过程中酸碱体积变化规律

  参考答案：B

5. 以浓度为 0.1000mol/L 的氢氧化钠溶液滴定 20mL 浓度为 0.1000mol/L 的盐酸，到达理论终点后，氢氧化钠过量 0.02mL，此时溶液的 pH 值为（　　　）。

  A. 1   B. 3.3   C. 8   D. 9.7

  参考答案：D

6. 用 0.1mol/LNaOH 滴定 0.1mol/L 的甲酸（pKa＝3.74），适用的指示剂为（　　　）。

  A. 甲基橙（3.46） B. 百里酚兰(1.65) C. 甲基红（5.00） D. 酚酞（9.1）

  参考答案：D

7. 酸碱滴定过程中，选取合适的指示剂是（　　　）。

  A. 减少滴定误差的有效方法   B. 减少偶然误差的有效方法

C. 减少操作误差的有效方法　　　　　　D. 减少试剂误差的有效方法

参考答案：A

8. 讨论酸碱滴定曲线的最终目的是（　　　）。

    A. 了解滴定过程　　　　　　　　　　B. 找出溶液 pH 值变化规律

    C. 找出 pH 值值突跃范围　　　　　　D. 选择合适的指示剂

参考答案：D

9. 用基准无水碳酸钠标定 0.100mol/L 盐酸，宜选用（　　　）作指示剂。

    A. 溴钾酚绿-甲基红　B. 酚酞　　　　C. 百里酚蓝　　　　D. 二甲酚橙

参考答案：A

10. 用盐酸溶液滴定 Na_2CO_3 溶液的第一、二个化学计量点可分别用（　　　）为指示剂。

    A. 甲基红和甲基橙　B. 酚酞和甲基橙　　C. 甲基橙和酚酞　　D. 酚酞和甲基红

参考答案：B

11. 欲配制 pH＝10 的缓冲溶液选用的物质组成是（　　　）。

    A. NH_3-NH_4Cl　　　　B. HAc-NaAc　　　C. NH_3-NaAc　　　D. HAc-NH_3

参考答案：A

12. 在酸碱滴定中，选择强酸强碱作为滴定剂的理由是（　　　）。

    A. 强酸强碱可以直接配制标准溶液　　B. 使滴定突跃尽量大

    C. 加快滴定反应速率　　　　　　　　D. 使滴定曲线较完美

参考答案：B

13. 多元酸能分步滴定的条件是（　　　）。

    A. $Ka_1/Ka_2 \geqslant 10^6$　B. $Ka_1/Ka_2 \geqslant 10^5$　C. $Ka_1/Ka_2 \leqslant 10^6$　D. $Ka_1/Ka_2 \leqslant 10^5$

参考答案：B

14. 酸碱滴定法选择指示剂时可以不考虑的因素（　　　）。

    A. 滴定突跃的范围　　　　　　　　　B. 指示剂的变色范围

    C. 指示剂的颜色变化　　　　　　　　D. 指示剂相对分子质量的大小

参考答案：D

15. 酸碱滴定中指示剂选择依据是（　　　）。

    A. 酸碱溶液的浓度　　　　　　　　　B. 酸碱滴定 pH 突跃范围

    C. 被滴定酸或碱的浓度　　　　　　　D. 被滴定酸或碱的强度

参考答案：B

16. 下列物质中，能用氢氧化钠标准溶液直接滴定的是（　　　）。

    A. 苯酚　　　　　B. 氯化氨　　　　C. 醋酸钠　　　　D. 草酸

参考答案：D

17. 用 0.1000mol/L 的 NaOH 标准溶液滴定同浓度的 $H_2C_2O_4$ （$Ka_1 = 5.9 \times 10^{-2}$、$Ka_2 = 6.4 \times 10^{-5}$）时，有几个滴定突跃，应选用何种指示剂（　　　）。

    A. 二个突跃，甲基橙（$pKHin=3.40$）　B. 二个突跃，甲基红（$pKHin=5.00$）

    C. 一个突跃，溴百里酚蓝（$pKHin=7.30$）　D. 一个突跃，酚酞（$pKHin=9.10$）

参考答案：D

18. 用 0.1mol/L 的 NaOH 滴定 0.1mol/L 的 HCOOH （pH＝3.74）。对此滴定适用的指示剂是（　　　）。

A. 酚酞（pKa＝9.1）　　　　　B. 中性红（pKa＝7.4）

C. 甲基橙（pKa＝3.41）　　　　D. 溴酚蓝（pKa＝4.1）

参考答案：A

19. 按酸碱质子理论，下列物质是酸的是（　　　）。

A. NaCl　　　　B. $[Fe(H_2O)_6]^{3+}$　　C. NH_3　　　　D. $H_2N—CH_2COO^-$

参考答案：B

20. 在冰醋酸介质中，下列酸的强度顺序正确的是（　　　）。

A. $HNO_3 > HClO_4 > H_2SO_4 > HCl$　　　B. $HClO_4 > HNO_3 > H_2SO_4 > HCl$

C. $H_2SO_4 > HClO_4 > HCl > HNO_3$　　　D. $HClO_4 > H_2SO_4 > HCl > HNO_3$

参考答案：D

沉淀滴定

1. 在 AgCl 水溶液中，其 $[Ag^+]=[Cl^-]=1.34 \times 10^{-5}$ mol/L，为 1.8×10^{-10}，该溶液为（　　　）。

A. 氯化银沉淀溶解　　B. 不饱和溶液　　C. $[Ag^+] > [Cl^-]$　　D. 饱和溶液

参考答案：D

2. Ag_2CrO_4 在 25℃时，溶解度为 8.0×10^{-5} mol/L，它的溶度积为（　　　）。

A. 5.1×10^{-8}　　　B. 6.4×10^{-9}　　　C. 2.0×10^{-12}　　D. 1.3×10^{-8}

参考答案：C

3. 已知 25℃时，Ag_2CrO_4 的 $K＝1.1 \times 10^{-12}$，则该温度下 Ag_2CrO_4 的溶解度为（　　　）。

A. 6.5×10^{-5} mol/L　　　　B. 1.05×10^{-6} mol/L

C. 6.5×10^{-6} mol/L　　　　D. 1.05×10^{-5} mol/L

参考答案：A

4. 在 Cl^-、Br^-、CrO_4^{2-} 离子溶液中，三种离子的浓度均为 0.10mol/L，加入 $AgNO_3$ 溶液，沉淀的顺序为（　　　）。已知 $K_{sp}(AgCl)=1.8 \times 10^{-10}$，$K_{sp}(AgBr)=5.0 \times 10^{-13}$，$K_{sp}(Ag_2CrO_4)=2.0 \times 10^{-12}$

A. Cl^-、Br^-、CrO_4^{2-}　　　　B. Br^-、Cl^-、CrO_4^{2-}

C. CrO_4^{2-}、Cl^-、Br^-　　　　D. 三者同时沉淀

参考答案：B

5. 25℃时 AgBr 在纯水中的溶解度为 7.1×10^{-7} mol/L，则该温度下的 K_{sp} 值为（　　　）。

A. 8.8×10^{-18}；　　B. 5.6×10^{-18}　　C. 3.5×10^{-7}　　D. 5.04×10^{-13}

参考答案：D

6. 向 AgCl 的饱和溶液中加入浓氨水，沉淀的溶解度将（　　　）。

A. 不变　　　　B. 增大　　　　C. 减小　　　　D. 无影响

参考答案：B

7. AgCl 的 $K_{sp}＝1.8 \times 10^{-10}$，则同温下 AgCl 的溶解度为（　　　）。

A. 1.8×10^{-10} mol/L　　　　B. 1.34×10^{-5} mol/L

C. 0.9×10^{-5} mol/L　　　　D. 1.9×10^{-3} mol/L

参考答案：B

8. AgCl 和 Ag_2CrO_4 的溶度积分别为 1.8×10^{-10} 和 2.0×10^{-12}，则下面叙述中正确的是（　　　）。

A. AgCl 与 Ag$_2$CrO$_4$ 的溶解度相等

B. AgCl 的溶解度大于 Ag$_2$CrO$_4$

C. 二者类型不同，不能由溶度积大小直接判断溶解度大小

D. 都是难溶盐，溶解度无意义

参考答案：C

9. AgCl 在 0.001mol/L NaCl 中的溶解度(mol/L)为(　　)。已知 K_{sp}(AgCl)＝1.8×10^{-10}

A. 1.8×10^{-10}　　　B. 1.34×10^{-5}　　　C. 9.0×10^{-5}　　　D. 1.8×10^{-7}

参考答案：D

10. 已知 K_{sp}(AgCl)＝1.8×10^{-10}，K_{sp}(Ag$_2$CrO$_4$)＝2.0×10^{-12}，在 Cl$^-$ 和 CrO$_4^{2-}$ 浓度皆为 0.10mol/L 的溶液中，逐滴加入 AgNO$_3$ 溶液，情况为（　　）。

A. Ag$_2$CrO$_4$ 先沉淀　　　　　　　　B. 只有 Ag$_2$CrO$_4$ 沉淀

C. AgCl 先沉淀　　　　　　　　　　　D. 同时沉淀

参考答案：C

11. 在含有 0.01mol/L 的 I$^-$、Br$^-$、Cl$^-$ 溶液中，逐滴加入 AgNO$_3$ 试剂，先出现的沉淀是（　　）。已知：K_{sp}(AgCl)＞K_{sp}(AgBr)＞K_{sp}(AgI)

A. AgI　　　　　　B. AgBr　　　　　　C. AgCl　　　　　　D. 同时出现

参考答案：A

12. 恒温条件下，二组分系统能平衡共存的最多相数为（　　）。

A. 1　　　　　　　B. 2　　　　　　　C. 3　　　　　　　D. 4

参考答案：C

配位滴定

1. 乙二胺四乙酸根($^-$OOCCH$_2$)$_2$NCH$_2$CH$_2$N(CH$_2$COO$^-$)$_2$ 可提供的配位原子数为(　　)。

A. 2　　　　　　　B. 4　　　　　　　C. 6　　　　　　　D. 8

参考答案：C

2. 在配位滴定中，金属离子与 EDTA 形成配合物越稳定，在滴定时允许的 pH 值（　　）。

A. 越高　　　　　B. 越低　　　　　C. 中性　　　　　D. 不要求

参考答案：B

3. 产生金属指示剂的封闭现象是因为（　　）。

A. 指示剂不稳定　　B. MIn 溶解度小　　C. K'_{MIn}＜K'_{MY}　　D. K'_{MIn}＞K'_{MY}

参考答案：D

4. 配位滴定法测定水中钙时，Mg^{2+} 干扰用的消除方法通常为（　　）。

A. 控制酸度法　　B. 配位掩蔽法　　C. 氧化还原掩蔽法　　D. 沉淀掩蔽法

参考答案：D

5. 下列关于螯合物的叙述中，不正确的是（　　）。

A. 有两个以上配位原子的配位体均生成螯合物

B. 螯合物通常比具有相同配位原子的非螯合配合物稳定得多

C. 形成螯环的数目越大，螯合物的稳定性不一定越好

D. 起螯合作用的配位体一般为多齿配位体，称螯合剂

参考答案：A

6. 分析室常用的 EDTA 水溶液呈（　　）性。

A. 强碱　　　　　B. 弱碱　　　　　C. 弱酸　　　　　D. 强酸

参考答案：C

7. EDTA 同阳离子结合生成（　　　）。

A. 螯合物　　　B. 聚合物　　　C. 离子交换剂　　D. 非化学计量的化合物

参考答案：A

8. 与 EDTA 不反应的离子用滴定法（　　　）。

A. 间接滴定法　　B. 置换滴定法　　C. 返滴定法　　D. 直接滴定法

参考答案：A

9. EDTA 的有效浓度［Y］与酸度有关，它随着溶液 pH 增大而（　　　）。

A. 增大　　　　B. 减小　　　　C. 不变　　　　D. 先增大后减小

参考答案：A

氧化还原滴定

1. 标定 I_2 标准溶液的基准物是（　　　）。

A. As_2O_3　　　B. $K_2Cr_2O_7$　　　C. Na_2CO_3　　　D. $H_2C_2O_4$

参考答案：A

2. 标定 $KMnO_4$ 标准溶液所需的基准物是（　　　）。

A. $Na_2S_2O_3$　　　B. $K_2Cr_2O_7$　　　C. Na_2CO_3　　　D. $Na_2C_2O_4$

参考答案：D

3. 标定 $KMnO_4$ 时，第 1 滴加入没有褪色以前，不能加入第 2 滴，加入几滴后，方可加快滴定速度原因是（　　　）。

A. $KMnO_4$ 自身是指示剂，待有足够 $KMnO_4$ 时才能加快滴定速度

B. O_2 为该反应催化剂，待有足够氧时才能加快滴定速度

C. Mn^{2+} 为该反应催化剂，待有足够 Mn^{2+} 才能加快滴定速度

D. MnO_2 为该反应催化剂，待有足够 MnO_2 才能加快滴定速度

参考答案：C

4. 标定 $Na_2S_2O_3$ 溶液的基准试剂是（　　　）。

A. $Na_2C_2O_4$　　　B. $(NH_3)_2C_2O_4$　　　C. Fe　　　D. $K_2Cr_2O_7$

参考答案：D

5. 间接碘量法对植物油中碘价进行测定时，指示剂淀粉溶液应（　　　）。

A. 滴定开始前加入　　　　　　　　B. 滴定一半时加入

C. 滴定近终点时加入　　　　　　　D. 滴定终点加入

参考答案：C

二、判断题

化验室组织与管理（化验室检验系统及管理）

1. 砝码使用一定时期（一般为一年）后，应对其质量进行校准。（√）

2. SI 为国际单位制的简称。（√）

3. 国际单位制规定了 16 个词头及它们通用符号，国际上称 SI 词头。（√）

4. 体积单位（L）是我国法定计量单位中非国际单位。（√）

5. 我国的法定计量单位是以国际单位制单位为基础，结合我国的实际情况制定的。（√）

6. 法定计量单位是国家以法令的形式，明确规定并且允许在全国范围内统一实行的计量单

位。（√）

7. 计量单位是具有名称、符号和单位的一个比较量，其数值为1。（√）

8. 物质的量的基本单位是"mol"，摩尔质量的基本单位是"$g \cdot mol^{-1}$"。（√）

9. 由行业部门以文件形式规定允许使用的计量单位为法定计量单位。（×）

10. 使用法定计量单位时单位名称或符号必须作为一个整体使用而不应拆开。（√）

11. 法定计量单位的名称和词头的名称与符号可以作为一个整体使用，也可以拆开使用。
（×）

12. 优级纯化学试剂为深蓝色标志。（×）

13. 指示剂属于一般试剂。（√）

14. 凡是优级纯的物质都可用于直接法配制标准溶液。（×）

15. 化学试剂中二级品试剂常用于微量分析、标准溶液的配制、精密分析工作。（×）

16. 实验中，应根据分析任务、分析方法对分析结果准确度的要求等选用不同等级的试剂。
（√）

17. 实验中应该优先使用纯度较高的试剂以提高测定的准确度。（×）

18. 校准玻璃仪器的方法可用衡量法和常量法（√）

19. 国标规定，一般滴定分析用标准溶液在常温（15～25℃）下使用两个月后，必须重新标
定浓度。（√）

化验室组织与管理（化验室的环境与安全）

20. 普通分析用水 pH 应在 5.0～7.0。（×）

21. 实验室三级水须经过多次蒸馏或离子交换等方法制取。（×）

22. 纯水制备的方法只有蒸馏法和离子交换法。（×）

23. 二次蒸馏水是指将蒸馏水重新蒸馏后得到的水。（×）

24. 实验室所用水为三级水用于一般化学分析试验，可以用蒸馏．离子交换等方法制取。
（√）

25. 水的电导率小于 10^{-6}s/cm 时，可满足一般化学分析的要求。（√）

26. 分析用水的质量要求中，不用进行检验的指标是密度。（√）

27. 实验室三级水 pH 的测定应在 5.0～7.5 之间，可用精密 pH 试纸或酸碱指示剂检验。
（√）

28. 实验用的纯水其纯度可通过测定水的电导率大小来判断，电导率越低，说明水的纯度越
高。（√）

29. 三级水可贮存在经处理并用同级水洗涤过的密闭聚乙烯容器中。（√）

30. 在配制溶液和分析试验中所用的纯水，要求其纯度越高越好。（×）

31. 用过的铬酸洗液应倒入废液缸，不能再次使用。（×）

32. 药品贮藏室最好向阳，以保证室内要干燥、通风。（×）

33. 化验室只宜存放少量短期内使用的化学试剂。（√）

34. 高压气瓶分别用不同的颜色区分，如氮气用黑色瓶装，氢气用深绿色的瓶装，氧气用黄
色瓶装。（×）

35. 气体钢瓶按气体的化学性质可分为可燃气体、助燃气体、不燃气体、惰性气体。（√）

36. 装乙炔气体的钢瓶其减压阀的螺纹是右旋的。（×）

37. 高压气瓶外壳不同颜色代表灌装不同气体，氧气钢瓶的颜色为深绿色，氢气钢瓶的颜色

为天蓝色，乙炔气的钢瓶颜色为白色，氮气钢瓶颜色为黑色。（×）

38. 不同的气体钢瓶应配专用的减压阀，为防止气瓶充气时装错发生爆炸，可燃气体钢瓶的螺纹是正扣（右旋）的，非可燃气体则为反扣（左旋）。（×）

39. 氧气瓶、可燃性气瓶与明火距离应不小于 10m。（√）

40. 氮气钢瓶上可以使用氧气表。（√）

41. 因高压氢气钢瓶需避免日晒，所以最好放在楼道或实验室里。（×）

42. 压缩气体钢瓶应避免日光或远离热源。（√）

43. 为防止发生意外，气体钢瓶重新充气前瓶内残余气体应尽可能用尽。（√）

44. 打开钢瓶总阀之前应将减压阀 T 形阀杆旋紧以免损坏减压阀。（√）

45. 氧气瓶、可燃性气瓶与明火距离不应小于 10m。（√）

46. 气体钢瓶应放置于阴凉、通风、远离热源的地方，开启气体钢瓶时，人应站在出气口的对面。（×）

47. 对于高压气体钢瓶的存放，只要求存放环境阴凉、干燥即可。（×）

48. 化验室人员必须具有扎实的专业知识，熟练的专业技能。（√）

49. 没有用完，但是没有被污染的试剂应倒回试剂瓶继续使用，避免浪费。（×）

50. 打开钢瓶总阀之前应将减压阀 T 形阀杆旋紧以便损坏减压阀（×）

51. 使用化学试剂时，如取出的一次未用完，必须封存剩余的取出试剂，不能放回原试剂瓶。（√）

52. 天平室要经常敞开通风，以防室内过于潮湿。（×）

53. 一般实验用水可用蒸馏、反渗透或去离子法制备。（√）

54. 制备标准溶液用水，应符合 GB 6682—92 三级水的规格。（√）

55. 实验室所用的玻璃仪器都要经过国家计量基准器具的鉴定。（×）

56. 化学试剂 A·R 是分析纯，为二级品，其包装瓶签为红色。（√）

57. 铂器皿不可用于处理三氯化铁溶液。（√）

58. 浓度≤1μg/mL 的标准溶液可以保存几天后继续使用。（×）

59. 金属离子的酸性贮备液宜用聚乙烯容器保存。（×）

60. 化学试剂选用的原则是在满足实验要求的前提下，选择试剂的级别应就低而不就高。即不超级造成浪费，也不能随意降低试剂级别而影响分析结果。（√）

61. 实验室一级水不可贮存，需使用前制备。二级水、三级水可适量制备，分别贮存在预先经同级水清洗过的相应容器中。（√）

62. 危险化学药品按特性分为易燃易爆类、剧毒类、强氧化性类、强还原性类、强腐蚀性类等。（×）

63. 6.78950 修约为四位有效数字是：6.790（√）

64. 滴定管、移液管和容量瓶校准的方法有称量法和相对校准法。（√）

65. 凡是优级纯的物质都可用于直接法配制标准溶液。（×）

66. 分析测定结果的偶然误差可通过适当增加平行测定次数来减免。（√）

67. 两位分析者同时测定某一试样中硫的质量分数，称取试样均为 3.5g，分别报告结果如下：甲，0.042%，0.041%；乙，0.04099%，0.04201%。甲的报告是合理的。（×）

68. 精密度高，准确度就一定高。（×）

69. 20℃时 0.1mol/L 某标准溶液的温度补正值为+1.3，滴定用去 26.35mL，校正为 20℃

时的体积是 26.32mL。（√）

70. 使用滴定管进行操作，都要先洗涤、试漏，再装溶液、赶气泡，然后进行滴定。（√）

71. D 级基准试剂常用作滴定分析中的标准物质。（√）

72. pH＝3.05 的有效数字是三位。（×）

73. Q 检验法适用于测定次数为 $3 \leqslant n \leqslant 10$ 时的测试。（√）

74. 标定和使用标准滴定溶液时，滴定速度一般保持在 6～8mL/min。（√）

75. 标准滴定溶液在常温下贮存一般不超过 30 天。（√）

76. 标准规定称取 1.5g 样品，精确至 0.0001g，其含义是必须用至少分度值 0.1mg 的天平准确称 1.4～1.6g 试样。（√）

77. 标准试剂是用于衡量其他物质化学量的标准物质，其特点是主体成分含量高而且准确可靠。（√）

78. 测定次数越多，求得的置信区间越宽，即测定平均值与总体平均值越接近。（√）

79. 测定的精密度好，但准确度不一定好，消除了系统误差后，精密度好的，结果准确度就好。（√）

80. 测定结果精密度好，不一定准确度高。（√）

81. 差减法适于称量多份不易潮解的样品。（√）

82. 称量时，每次均应将砝码和物体放在天平盘的中央。（√）

83. 当需要准确计算时，容量瓶和移液管均需要进行校正。（×）

84. 滴定分析标准试剂主要用途是滴定分析标准溶液的定值。（×）

85. 滴定分析用标准试剂我国习惯称为基准试剂，分为 C 级（第一基准）和 D 级（工作基准）两个级别（√）

86. 滴定分析中常用的标准溶液，一般选用分析纯试剂配制，再用基准试剂标定。（√）

87. 滴定管、容量瓶、移液管在使用之前都需要用试剂溶液进行润洗。（×）

88. 滴定管读数时必须读取弯液面的最低点。（×）

89. 滴定管内壁不能用去污粉清洗，以免划伤内壁，影响体积准确测量。（√）

90. 滴定管体积校正采用的是绝对校正法。（×）

91. 滴定管中装入溶液或放出溶液后即可读数，并应使滴定管保持垂直状态。（×）

92. 滴定管属于量出式容量仪器。（√）

93. 电子天平每次使用前必须校准。（×）

94. 对滴定终点颜色的判断，有人偏深有人偏浅，所造成的误差为系统误差。（√）

95. 对照试验是用以检查试剂或蒸馏水是否含有被鉴定离子。（√）

96. 砝码使用一定时期（一般为一年）后，应对其质量进行校准。（×）

97. 分析纯的 $NaCl$ 试剂，如不做任何处理，用来标定 $AgNO_3$ 溶液的浓度，结果会偏高。（×）

98. 分析纯试剂标签的颜色为棕色。（×）

99. 分析纯试剂标签的颜色为蓝色。（√）

100. 分析纯试剂可以用来直接配制标准溶液。（×）

101. 分析纯试剂一般用于精密分析及科研工作。（×）

102. 分析结果要求不是很高的实验，可用优级纯或分析纯试剂代替基准试剂。（√）

103. 分析中遇到可疑数据时，可以不予考虑。（×）

104. 国标规定，一般滴定分析用标准溶液在常温（15～25℃）下使用两个月后，必须重新标定浓度。（√）

105. 化学纯化学试剂适用于一般化学实验用。（√）

106. 化学定量分析实验一般用二级水，25℃时其 pH 约为 5.0～7.5。（×）

107. 化学分析中，置信度越大，置信区间就越大。（√）

108. 基准试剂可直接用于配制标准溶液。（√）

109. 基准物质可用于直接配制标准溶液，也可用于标定溶液的浓度。（√）

110. 可用直接法制备标准溶液的试剂是高纯试剂。（√）

111. 每次滴定完毕后，滴定管中多余试剂不能随意处置，应倒回原来的试剂瓶中。（×）

112. 平均偏差常用来表示一组测量数据的分散程度。（√）

113. 器皿不洁净，溅失试液，读数或记录差错都可造成偶然误差。（×）

114. 倾倒液体试样时，右手持试剂瓶并将试剂瓶的标签握在手心中，逐渐倾斜试剂瓶，缓缓倒出所需量试剂，并将瓶口的一滴碰到承接容器中。（√）

115. 取液体试剂时可用吸管直接从原瓶中吸取。（×）

116. 容量瓶、滴定管、吸管不可以加热烘干，也不能盛装热的溶液。（×）

117. 容量瓶与移液管不配套会引起偶然误差。（×）

118. 溶解基准物质时用移液管移取 20～30mL 水加入。（×）

119. 使用滴定管时，每次滴定应从"0"分度开始。（×）

120. 使用分液漏斗进行液-液萃取时，先将上层液体通过上口倒出，再将下层液体由下口活塞放出。（×）

121. 使用移液管吸取溶液时，应将其下口插入液面 0.5～1cm 处。（×）

122. 使用有刻度的计量玻璃仪器，手不能握着有刻度的地方是因为手的热量会传导到玻璃及溶液中，使其变热，体积膨胀，计量不准。（√）

123. 水的电导率小于 6～10S/cm 时，可满足一般化学分析的要求。（×）

124. 酸式滴定管是用来盛放酸性溶液或氧化性溶液的容器。（√）

125. 随机误差呈现正态分布。（√）

126. 随机误差影响测定结果的精密度。（×）

127. 所谓化学计量点和滴定终点是一回事。（×）

128. 所谓终点误差是由于操作者终点判断失误或操作不熟练而引起的。（×）

129. 天平的灵敏度越高越好。（×）

130. 天平的零点是指天平空载时的平衡点，每次称量之前都要先测定天平的零点。（√）

131. 天平的平衡状态被扰动后，自动回到初始平衡位置的性能称为天平的稳定性，它主要决定于横梁重心的高低。（×）

132. 天平零点相差较小时，可调节拨杆校正。（√）

133. 天平室要经常敞开通风，以防室内过于潮湿。（×）

134. 我国的基准试剂（纯度标准物质）相当于 IUPAC 的 A 级和 B 级。（×）

135. 误差是指测定值与真实值之间的差值，误差相等时说明测定结果的准确度相等。（×）

136. 校准滴定管时，用 25℃时水的密度计算水的质量。（√）

137. 选用化学试剂纯度越高越好。（×）

138. 一般把 B 级标准试剂用于容量分析标准溶液的配制。（×）

139. 一般用移液管移取液体试剂或溶液。（×）

140. 仪器分析中，浓度低于 0.1mg/mL 的标准溶液，常在临用前用较高浓度的标准溶液在容量瓶内稀释而成。（√）

141. 移液管的体积校正：一支 10.00mL（20℃下）的移液管，放出的水在 20℃时称量为 9.9814g，已知该温度时 1mL 的水质量为 0.99718g，则此移液管在校准后的体积 10.01mL（×）

142. 已知 25mL 移液管在 20℃的体积校准值为－0.01mL，则 20℃该移液管的真实体积是 25.01mL。（√）

143. 用 $Na_2C_2O_4$ 标定 $KMnO_4$ 溶液得到 4 个结果，分别为：0.1015mol/L；0.1012mol/L；0.1019mol/L 和 0.1013mol/L，用 Q 检验法来确定 0.1019 应舍去。（当 $n=4$ 时，$Q_{0.90}=0.76$）（×）

144. 用纯水洗涤玻璃仪器时，使其既干净又节约用水的方法原则是少量多次。（√）

145. 用电光分析天平称量时，若微缩标尺的投影向左偏移，天平指针也是向左偏移。（×）

146. 用过的铬酸洗液应倒入废液缸，不能再次使用。（×）

147. 用来直接配制标准溶液的物质称为基准物质，$KMnO_4$ 是基准物质。（√）

148. 优级纯化学试剂为深蓝色标志。（×）

149. 有效数字中的所有数字都是准确有效的。（×）

150. 原始记录应体现真实性、原始性、科学性，出现差错允许更改，而检验报告出现差错不能更改应重新填写。（√）

151. 在 20℃时，滴定用去 25.00mL，0.1mol/L 标准溶液，如 20℃时的体积校正值为＋1.45，则 20℃时溶液的体积为 25.04mL（×）

152. 在 3～10 次的分析测定中，离群值的取舍常用 4 法检验；显著性差异的检验方法在分析工作中常用的是 t 检验法和 F 检验法。（√）

153. 在分析化学实验中常用化学纯的试剂。（×）

154. 在分析数据中，所有的"0"都是有效数字。（×）

155. 在分析天平上称出一份样品，称前调整零点为 0。称得样品质量为 12.2446g，称后检查零点为＋0.2mg，该样品质量实际为 12.2448g（×）

156. 在利用半机械加码电光分析天平称量样品时，应先开启天平，然后再取放物品。（×）

157. 在没有系统误差的前提条件下，总体平均值就是真实值。（×）

158. 在实验室中浓碱溶液应贮存在聚乙烯塑料瓶中。（√）

159. 在消除系统误差的前提下，平行测定的次数越多，平均值越接近真值。（√）

160. 直接法配制标准溶液必需使用基准试剂。（√）

161. 指示剂属于一般试剂。（×）

162. 制备标准溶液用水，应符合 GB 6682—92 三级水的规格。（×）

163. 中华人民共和国强制性国家标准的代号是 GB/T。（×）

164. 重量分析中使用的"无灰滤纸"，指每张滤纸的灰分重量小于 0.2mg。（×）

165. 准确度表示分析结果与真实值接近的程度。它们之间的差别越大，则准确度越高。（×）

166. 准确度精密度只是对测量结果的定性描述，不确定度才是对测量结果的定量描述。（×）

167. 准确度是测定值与真实值之间接近的程度。（√）

168. 做空白试验，可以减少滴定分析中的偶然误差。（×）

化学分析（酸碱滴定）

169. 酸碱滴定法测定有机弱碱，当碱性很弱($Kb<10^{-8}$)时可采用非水溶剂。（√）

170. 多元酸能否分步滴定，可从其二级平衡常数 Ka_1 与 Ka_2 的比值判断，当 $Ka_1/Ka_2>$ 105 时，可基本断定能分步滴定。（×）

171. 盐酸标准滴定溶液可用精制的草酸标定。（×）

172. 用标准溶液 HCl 滴定 $CaCO_3$ 时，在化学计量点时，$n(CaCO_3)=2n(HCl)$。（×）

173. $H_2C_2O_4$ 的两步离解常数为 $Ka_1=5.6(×)10^{-2}$，$Ka_2=5.1(×)10^{-5}$，因此不能分步滴定。（√）

174. 非水滴定中，H_2O 是 HCl、H_2SO_4、HNO_3 等的拉平性溶剂。（×）

175. 非水溶液酸碱滴定时，溶剂若为碱性，所用的指示剂可以是中性红。（×）

176. 强酸滴定弱碱达到化学计量点时 pH>7。（×）

177. 强酸滴定弱碱时，只有当 $CKb≥10^{-8}$，此弱碱才能用标准酸溶液直接目视滴定。（√）

178. 弱酸的电离度越大，其酸性越强。（×）

179. 双指示剂法测定混合碱含量，已知试样消耗标准滴定溶液盐酸的体积 $V_1>V_2$，则混合碱的组成为 Na_2CO_3+NaOH。（√）

180. 双指示剂法测混合碱的特点是变色范围窄．变色敏锐。（×）

181. 酸碱滴定法测定相对分子质量较大的难溶于水的羧酸时，可采用中性乙醇为溶剂。（√）

182. 酸碱滴定中有时需要用颜色变化明显的变色范围较窄的指示剂即混合指示剂。（×）

183. 酸碱溶液浓度越小，滴定曲线化学计量点附近的滴定突跃越长，可供选择的指示剂越多。（×）

184. 酸碱物质有几级电离，就有几个突跃。（×）

185. 酸碱质子理论中接受质子的是酸。（×）

186. 用 0.1000mol/L NaOH 溶液滴定 0.1000mol/L HAc 溶液，化学计量点时溶液的 pH 值小于 7。（×）

187. 用 NaOH 标准溶液标定 HCl 溶液浓度时，以酚酞作指示剂，若 NaOH 溶液因贮存不当吸收了 CO_2，则测定结果偏高。（×）

188. 用双指示剂法分析混合碱时，如其组成是纯的 Na_2CO_3 则 HCl 消耗量 V_1 和 V_2 的关系是 $V_1>V_2$。（×）

189. 用酸碱滴定法测定工业醋酸中的乙酸含量，应选择的指示剂是酚酞。（√）

190. 用因吸潮带有少量湿存水的基准试剂 Na_2CO_3 标定 HCl 溶液的浓度时，结果偏高；若用此 HCl 溶液测定某有机碱的摩尔质量时结果也偏高。（×）

191. 由于羧基具有酸性，可用氢氧化钠标准溶液直接滴定，测出羧酸的含量。（×）

化学分析（氧化还原滴定）

192. 间接碘量法能在酸性溶液中进行。（√）

193. $K_2Cr_2O_7$ 标准溶液常采用直接配制法。（√）

194. $KMnO_4$、EDTA、$AgNO_3$ 标准溶液应该使用棕色试剂瓶保存盛装。（×）

195. $KMnO_4$ 标准滴定溶液是直接配制的。（×）

196. $KMnO_4$ 标准溶液测定 MnO_2 含量,用的是直接滴定法。(×)

197. $KMnO_4$ 标准溶液贮存在白色试剂瓶中。(×)

198. $KMnO_4$ 滴定草酸时,加入第一滴 $KMnO_4$ 时,颜色消失很慢,这是由于溶液中还没有生成能使反应加速进行的 Mn^{2+}。(√)

199. $Na_2S_2O_3$ 标准滴定溶液是用 $K_2Cr_2O_7$ 直接标定的。(×)

200. 标定 I_2 溶液时,既可以用 $Na_2S_2O_3$ 滴定 I_2 溶液,也可以用 I_2 滴定 $Na_2S_2O_3$ 溶液,且都采用淀粉指示剂。这两种情况下加入淀粉指示剂的时间是相同的。(×)

201. 碘法测铜,加入 KI 起三作用:还原剂、沉淀剂和配位剂。(√)

202. 电极电位比 $E^{\ominus}(I_2/I^-)$ 大的还原性物质,可以直接用 I_2 标准溶液滴定。(×)

203. 反应到达平衡时 $E_1^{\ominus} - E_2^{\ominus} \geqslant 0.4V$,则该反应可以用于氧化还原滴定分析。(×)

204. 高锰酸钾法滴定分析,在弱酸性条件下滴定。(×)

205. 高锰酸钾法在强酸性下进行,其酸为 HNO_3。(×)

206. 高锰酸钾是一种强氧化剂,介质不同,其还原产物也不一样。(√)

207. 高锰酸钾在配制时要称量稍多于理论用量,原因是存在的还原性物质与高锰酸钾反应。(×)

208. 间接碘量法加入 KI 一定要过量,淀粉指示剂要在接近终点时加入。(√)

209. 间接碘量法要求在暗处静置,是为防止 I^- 被氧化。(√)

210. 间接碘量法中淀粉指示剂的加入都应在近终点。(√)

211. 配制 I_2 标准溶液时,加入 KI 的目的是增大 I_2 的溶解度以降低 I_2 的挥发性 (√)

212. 配制 I_2 溶液时要滴加 KI。(×)

213. 配制 $KMnO_4$ 标准溶液时,需要将 $KMnO_4$ 溶液煮沸一定时间并放置数天,配好的 $KMnO_4$ 溶液要用滤纸过滤后才能保存。(×)

214. 配制碘溶液时应先将碘溶于较浓的 KI 溶液中,再加水稀释。(√)

215. 配制好的 $KMnO_4$ 溶液要盛放在棕色瓶中放在避光处保存。(√)

216. 配制好的 $Na_2S_2O_3$ 标准溶液应立即用基准物质标定。(×)

217. 溶液酸度越高,$KMnO_4$ 氧化能力越强,与 $Na_2C_2O_4$ 反应越完全,所以 $Na_2C_2O_4$ 标定 $KMnO_4$ 时,溶液酸度越高越好。(×)

218. 升高温度可以加快氧化还原反应速率,有利于滴定分析的进行。(×)

219. 提高反应溶液的温度能提高氧化还原反应的速度,因此在酸性溶液中用 $KMnO_4$ 滴定 $C_2O_4^{2-}$ 时,必须加热至沸腾才能保证正常滴定。(×)

220. 氧化还原滴定曲线是溶液的 E 值和离子浓度的关系曲线。(×)

221. 已配制好的 Na_2CO_3 标液不能用无色试剂瓶贮存。(√)

222. 应用直接碘量法时,需要在接近终点前加淀粉指示剂。(×)

223. 影响氧化还原反应速度的主要因素有反应物的浓度、酸度、温度和催化剂。(√)

224. 用碘量法测定铜盐中铜的含量时,除加入足够过量的 KI 外.还要加入少量 KSCN.目的是提高滴定的准确度。(×)

225. 用高锰酸钾滴定时,从开始就快速滴定,因为 $KMnO_4$ 不稳定。(×)

226. 用高锰酸钾法测定 H_2O_2 时,需通过加热来加速反应。(×)

227. 用基准试剂 $Na_2C_2O_4$ 标定 $KMnO_4$ 溶液时,需将溶液加热至 $75\sim85℃$ 进行滴定,若超过此温度,会使测定结果偏高。(√)

228. 用间接碘量法测定试样时，最好在碘量瓶中进行，并应避免阳光照射，为减少 I^- 与空气接触，滴定时不宜过度摇动。（√）

229. 由于 $K_2Cr_2O_7$ 容易提纯，干燥后可作为基准物直接配制标准液，不必标定。（√）

230. 由于 $KMnO_4$ 具有很强的氧化性，所以 $KMnO_4$ 法只能用于测定还原性物质。（×）

231. 由于 $KMnO_4$ 性质稳定，可作基准物直接配制成标准溶液。（×）

232. 在滴定时，$KMnO_4$ 溶液要放在碱式滴定管中。（×）

233. 在配制 $Na_2S_2O_3$ 标准溶液时，要用煮沸后冷却的蒸馏水配制，为了赶除水中的 CO_2。（×）

234. 在氧化还原滴定中，往往选择强氧化剂作滴定剂，使得两电对的条件电位之差大于 0.4V，反应就能定量进行。（×）

235. 在用草酸钠标定高锰酸钾溶液时，溶液加热的温度不得超过 45℃。（×）

236. 直接碘量法以淀粉为指示剂滴定时，指示剂须在接近终点时加入，终点是从蓝色变为无色。（×）

化学分析（配位滴定）

237. EDTA 与金属离子形成的配合物均无色。（×）

238. 金属指示剂的僵化现象是指滴定时终点没有出现。（×）

239. EDTA 的酸效应系数 $\alpha_{Y(H)}$ 与溶液的 pH 有关，pH 越大，则 $\alpha_{Y(H)}$ 也越大。（×）

240. EDTA 滴定某金属离子有一允许的最高酸度（pH 值），溶液的 pH 再增大就不能准确滴定该金属离子了。（√）

241. EDTA 配位滴定时的酸度，根据 $\lg K_{MY} \geq 6$ 就可以确定。（√）

242. EDTA 酸效应系数 $\alpha_{Y(H)}$ 随溶液中 pH 值变化而变化；pH 值低，则 $\alpha_{Y(H)}$ 值高，对配位滴定有利。（×）

243. EDTA 与金属离子配合时，不论金属离子是几价，都是以 1∶1 的关系配合。（√）

244. 氨羧配位体有氨氮和羧氧两种配位原子，能与金属离子 1∶1 形成稳定的可溶性配合物。（√）

245. 标定 EDTA 的基准物有 ZnO、$CaCO_3$、MgO 等。（√）

246. 滴定 Ca^{2+}、Mg^{2+} 总量时控制 pH＝10，而滴定 Ca^{2+} 分量时要控制 pH 为 12～13。若 pH＞13 时，测定 Ca^{2+} 则确定终点。（×）

247. 滴定各种金属离子的最低 pH 值与其对应 $\lg K$ 稳绘成的曲线，称为 EDTA 的酸效应曲线。（×）

248. 分析室常用的 EDTA 水溶液呈弱酸性。（×）

249. 钙指示剂配制成固体使用是因为其易发生封闭现象。（×）

250. 铬黑 T 指示剂在 pH＝7～11 范围使用，其目的是为减少干扰离子的影响。（×）

251. 金属（M）离子指示剂（In）应用的条件是 $K'_{MIn} > K'_{MY}$（×）

252. 金属离子指示剂 H_3In 与金属离子的配合物为红色，它的 H_2In 呈蓝色，其余存在形式均为橙红色，则该指示剂适用的酸度范围为 $pK_{a1} < pH < pK_{a2}$。（√）

253. 金属指示剂的封闭是由于指示剂与金属离子生成的配合物过于稳定造成的。（√）

254. 金属指示剂是指示金属离子浓度变化的指示剂。（×）

255. 两种离子共存时，通过控制溶液酸度选择性滴定被测金属离子应满足的条件是 ≥ 5。（×）

256. 能直接进行配位滴定的条件是 $K_{稳} \cdot c \geqslant 10^6$。（×）

257. 配位滴定法中指示剂的选择是根据滴定突跃的范围。（√）

258. 配位滴定时，经计算推导的判据 $\Delta \lg K \geqslant 5$ 与配位滴定的具体情况以及对准确度的要求无关，是不变的。（×）

259. 配位滴定中 pH≥12 时可不考虑酸效应，此时配合物的条件稳定常数与绝对稳定常数相等。（×）

260. 配位反应都能用于滴定分析。（×）

261. 溶液的 pH 值愈小，金属离子与 EDTA 配位反应能力愈低。（√）

262. 若被测金属离子与 EDTA 配位反应速率慢，则一般可采用置换滴定方式进行测定。（√）

263. 酸效应和其他组分（N 和 L）效应是影响配位平衡的主要因素。（√）

264. 酸效应曲线的作用就是查找各种金属离子所需的滴定最低酸度。（√）

265. 掩蔽剂的用量过量太多，被测离子也可能被掩蔽而引起误差。（√）

266. 用 EDTA 测定 Ca^{2+}、Mg^{2+} 总量时，以铬黑 T 作指示剂，pH 值应控制在 pH=12。（×）

267. 用 EDTA 测定水的硬度，在 pH=10.0 时测定的是 Ca^{2+} 的总量。（×）

268. 用 EDTA 法测定试样中的 Ca^{2+}、Mg^{2+} 含量时，先将试样溶解，然后调节溶液 pH 值为 5.5～6.5，并进行过滤，目的是去除 Fe、Al 等干扰离子。（×）

269. 游离金属指示剂本身的颜色一定要和与金属离子形成的配合物颜色有差别。（√）

270. 在 EDTA 滴定过程中不断有 H^+ 释放出来，因此，在配位滴定中常须加入一定量的碱以控制溶液的酸度。（×）

271. 在测定水硬度的过程中、加入 NH_3-NH_4Cl 是为了保持溶液酸度基本不变。（√）

272. 在配位滴定中，通常用 EDTA 的二钠盐，这是因为 EDTA 的二钠盐比 EDTA 溶解度小。（×）

273. 在配位滴定中，要准确滴定 M 离子而 N 离子不干扰须满足 $\lg K_{MY} - \lg K_{NY} \geqslant 5$。（√）

274. 在同一溶液中如果有两种以上金属离子只有通过控制溶液的酸度方法才能进行配位滴定。（×）

附录

附录1　国际原子相对质量表

$A_r(^{12}C) = 12.0000$

原子序数	元素名称	元素符号	原子相对质量	原子序数	元素名称	元素符号	原子相对质量
1	氢	H	1.0079(7)	35	溴	Br	79.904
2	氦	He	4.002602(2)	36	氪	Kr	83.80
3	锂	Li	6.941(2)	37	铷	Rb	85.4678
4	铍	Be	9.012182(3)	38	锶	Sr	87.62
5	硼	B	10.811(5)	39	钇	Y	88.90585(2)
6	碳	C	12.011	40	锆	Zr	91.224(2)
7	氮	N	10.00674(7)	41	铌	Nb	92.90638(2)
8	氧	O	15.9994(3)	42	钼	Mo	95.94
9	氟	F	18.9984032(9)	43	锝	Tc	(98)
10	氖	Ne	20.1797(6)	44	钌	Ru	101.07(2)
11	钠	Na	22.989768(6)	45	铑	Rh	102.90550(3)
12	镁	Mg	24.3050(6)	46	钯	Pd	106.42
13	铝	Al	26.981539(5)	47	银	Ag	107.8682(2)
14	硅	Si	28.0855(3)	48	镉	Cd	112.411(8)
15	磷	P	30.973762(4)	49	铟	In	114.82
16	硫	S	32.066(6)	50	锡	Sn	118.710(7)
17	氯	Cl	35.4527(9)	51	锑	Sb	121.753
18	氩	Ar	39.948	52	碲	Te	127.60(3)
19	钾	K	39.0983	53	碘	I	126.90447(3)
20	钙	Ga	40.0784	54	氙	Xe	131.29(2)
21	钪	Sc	44.955910(9)	55	铯	Cs	132.90543(5)
22	钛	Ti	47.88(3)	56	钡	Ba	137.327(7)
23	钒	V	50.9415	57	镧	La	138.9055(2)
24	铬	Cr	51.9961	58	铈	Ce	140.115(4)
25	锰	Mn	54.93805(1)	59	镨	Pr	140.90765(3)
26	铁	Fe	55.847(3)	60	钕	Nd	144.24(3)
27	钴	Co	58.93320(1)	61	钷	Pm	(145)
28	镍	Ni	58.69	62	钐	Sm	150.36(3)
29	铜	Cu	63.546	63	铕	Eu	151.65(9)
30	锌	Zn	65.39(2)	64	钆	Gd	157.25(3)
31	镓	Ga	69.723(4)	65	铽	Tb	158.92534(3)
32	锗	Ge	72.61(2)	66	镝	Dy	162.50(3)
33	砷	As	74.92159(2)	67	钬	Ho	164.93032(3)
34	硒	Se	78.96(3)	68	铒	Er	167.26(3)

原子序数	元素名称	元素符号	原子相对质量	原子序数	元素名称	元素符号	原子相对质量
69	铥	Tm	168.93421(3)	87	钫	Fr	(223)
70	镱	Yb	173.04(3)	88	镭	Ra	226.0254
71	镥	Lu	174.9617	89	锕	Ac	227.0278
72	铪	Hf	178.42(9)	90	钍	Th	232.0381
73	钽	Ta	180.9479	91	镤	Pa	231.0359
74	钨	W	183.85(3)	92	铀	U	238.0289
75	铼	Re	186.207	93	镎	Np	237.0482
76	锇	Os	190.2	94	钚	Pu	(244)
77	铱	Ir	192.22(3)	95	镅	Am	(243)
78	铂	Pt	195.08(3)	96	锔	Cm	(247)
79	金	Au	196.96654(3)	97	锫	Bk	(247)
80	汞	Hg	200.59(3)	98	锎	Cf	(251)
81	铊	Tl	204.3833(2)	99	锿	Es	(252)
82	铅	Pb	207.2	100	镄	Fm	(257)
83	铋	Bi	208.98037(3)	101	钔	Md	(258)
84	钋	Po	(209)	102	锘	No	(259)
85	砹	At	(210)	103	铹	Lr	(260)
86	氡	Rn	(222)				

注：表内相对原子质量后括号内的数表示末位数的可能误差。

附录2 常用化合物相对分子质量（M_r）

化 合 物	M_r	化 合 物	M_r
$AgBr$	187.77	CaC_2O_4	128.10
$AgCl$	143.32	$CaC_2O_4 \cdot H_2O$	146.11
AgI	234.77	CaO	56.08
$AgCN$	133.89	$Ca(OH)_2$	74.09
$Ag_2Cr_2O_4$	331.73	$CaSO_4$	136.14
$AgNO_3$	169.87	$Ca_3(PO_4)_2$	310.18
$AgSCN$	165.95	$Cd(NO_3)_2 \cdot 4H_2O$	308.48
$AlK(SO_4)_2 \cdot 12H_2O$	474.38	$Ce(SO_4)_2$	332.24
Al_2O_3	101.96	$Ce(SO_4)_2 \cdot 2(NH_4)_2SO_4 \cdot 2H_2O$	632.54
$Al_2(SO_4)_3$	342.15	CH_3COOH	60.05
As_2O_3	197.84	CH_3OH	32.04
As_2O_5	229.84	CH_3COCH_3	58.07
$BaCO_3$	197.34	C_6H_5COOH	122.11
BaC_2O_4	225.35	C_6H_5COONa	144.09
$BaCl_2$	208.24	C_6H_5OH	94.11
$BaCl_2 \cdot 2H_2O$	244.27	$C_4H_8N_2O_2$（丁二酮肟）	116.12
$BaCrO_4$	253.32	$(CH_2)_6N_4$（六亚甲基四胺）	140.19
BaO	153.33	C_9H_7NO(8-羟基喹啉)	145.16
$Ba(OH)_2$	171.36	$C_{12}H_8N_2 \cdot H_2O$（邻二氮菲）	198.22
$BaSO_4$	233.39	$C_6H_8O_6$(抗坏血酸)	176.12
$Bi(NO_3)_3 \cdot 5H_2O$	485.07	$C_6H_{12}O_6$（葡萄糖）	180.16
$CaCl_2$	110.99	CCl_4	153.82
$CaCl_2 \cdot H_2O$	129.00	CO_2	44.01
CaF	78.08	Cr_2O_3	151.99
$Ca(NO_3)_2$	164.09	$CoCl_2 \cdot 6H_2O$	237.93
$CaCO_3$	100.09	CuI	190.45

化 合 物	M_r	化 合 物	M_r
$Cu(NO_3)_2 \cdot 3H_2O$	241.60	$K_3Fe(CN)_6$	329.25
CuO	79.55	$K_4Fe(CN)_6$	368.35
Cu_2O	143.09	$KHC_4H_4O_6$(酒石酸氢钾)	188.18
$CuSCN$	121.62	$KHC_8H_4O_4$(苯二甲酸氢钾)	204.22
$Cu(SO_4)_2$	159.61	KI	166.00
$Cu(SO_4)_2 \cdot 5H_2O$	249.68	KIO_3	214.00
$FeCl_3$	162.20	$KMnO_4$	158.03
$FeCl_3 \cdot 6H_2O$	270.30	KNO_3	101.10
$Fe(NO_3)_3 \cdot 9H_2O$	404.00	KNO_2	85.10
FeO	71.85	K_2O	94.20
Fe_2O_3	159.69	KOH	56.11
Fe_3O_4	231.54	$KSCN$	97.18
$FeSO_4 \cdot 7H_2O$	278.01	K_2SO_4	174.25
$Fe_2(SO_4)_3$	399.88	$K_2S_2O_7$	254.31
$FeSO_4 \cdot (NH_4)_2SO_4 \cdot 6H_2O$	392.15	$MgCO_3$	84.31
Hg_2Cl_2	472.09	$MgCl_2$	95.21
$HgCl_2$	271.50	$MgNH_4PO_4$	137.32
H_3BO_3	61.83	MgO	40.30
HBr	80.91	$Mg_2P_2O_7$	222.55
$HCOOH$(甲酸)	46.03	$MgSO_4 \cdot 7H_2O$	246.47
$HCHO$(甲醛)	30.03	MnO	70.94
HCN	27.03	MnO_2	86.94
H_2CO_3	62.02	$MnSO_4$	151.00
$H_2C_2O_4$(草酸)	90.03	$Na_2B_4O_7 \cdot 10H_2O$(硼砂)	381.37
$H_2C_2O_4 \cdot 2H_2O$	126.07	Na_2BiO_3	279.97
$H_2C_4H_4O_4$(丁二酸、琥珀酸)	118.09	$NaBr$	102.90
$H_2C_4H_4O_6$(酒石酸)	150.09	$NaC_2H_3O_2$(无水乙酸钠)	82.03
$H_3C_6H_5O_7 \cdot H_2O$(柠檬酸)	210.14	$NaC_6H_5O_7$(柠檬酸钠)	258.07
HCl	36.46	NaC_2O_4(草酸钠)	134.00
HF	20.01	Na_2CO_3	105.99
HI	127.91	$NaCl$	58.44
$HClO_4$	100.46	NaF	41.99
HNO_2	47.01	$NaHCO_3$	84.01
HNO_3	63.01	$Na_2H_2C_{10}H_{12}O_8N_2 \cdot 2H_2O$(EDTA)	372.24
H_2O	18.02	NaH_2PO_4	119.98
H_2O_2	34.01	Na_2HPO_4	141.96
H_3PO_4	98.00	$Na_2HPO_4 \cdot 12H_2O$	358.14
H_2S	34.08	$NaHSO_4$	120.06
H_2SO_3	82.07	NaI	149.89
H_2SO_4	98.08	Na_3PO_4	163.94
$KAl(SO_4)_2 \cdot 12H_2O$	474.39	$NaNO_2$	69.00
KBr	119.00	Na_2O	61.98
$KBrO_3$	167.00	$NaOH$	40.00
KCl	74.55	Na_2S	78.05
$KClO_3$	122.55	Na_2SO_3	126.04
$KClO_4$	138.55	Na_2SO_4	142.04
KCN	65.12	$Na_2S_2O_3$	158.11
K_2CO_3	138.21	$Na_2S_2O_3 \cdot 5H_2O$	248.17
K_2CrO_4	194.19	NH_3	17.03
$K_2Cr_2O_7$	294.18	$(NH_4)_2C_2O_4 \cdot H_2O$	142.11

化 合 物	M_r	化 合 物	M_r
NH_4Cl	53.49	SO_3	80.06
$NH_4Fe(SO_4)_2 \cdot 12H_2O$	482.18	Sb_2O_3	291.52
$(NH_4)_2Fe(SO_4)_2 \cdot 6H_2O$	392.13	Sb_2S_3	339.72
NH_4HF	57.04	SiF_4	104.08
NH_4NO_3	80.04	SiO_2	60.08
$(NH_4)_2SO_4$	132.13	$SnCl_2$	189.62
$NH_2OH \cdot HCl$(盐酸羟胺)	69.49	$SnCl_2 \cdot 2H_2O$	225.63
$(NH_4)_3PO_4 \cdot 12MoO_3$	1876.34	$SnCl_4$	260.50
NH_4SCN	76.12	SnO	134.69
$Ni(C_4H_7N_2O_2)_2$(丁二酮肟镍)	288.91	SnO_2	150.69
P_2O_5	141.95	$TiCl_3$	154.24
PbO	223.2	TiO_2	79.88
PbO_2	239.2	WO_3	231.84
Pb_3O_4	685.57	$Zn(CH_3COO)_2 \cdot 2H_2O$	219.50
$Pb(C_2H_3O_2)_2 \cdot 3H_2O$	379.3	$Zn(NO_3)_2 \cdot 6H_2O$	297.49
$Pb(NO_3)_2$	331.2	ZnO	81.39
$PbSO_4$	303.3	$ZnSO_4$	161.45
SO_2	64.06	$ZnSO_4 \cdot 7H_2O$	287.55

附录3 常用酸碱溶液的密度、浓度和配制方法

一、酸溶液

名称及化学式	密度(d_4^{20})/(g/mL)	物质的量浓度/(mol/L)	质量分数/%	配 制 方 法
盐酸				
HCl(浓)	1.19	12	37.23	
HCl(稀)		6	21.45	将12mol/LHCl 498mL 稀释至1L
HCl(稀)		2	7.15	将12mol/LHCl 165mL 稀释至1L
硫酸				
H_2SO_4(浓)	1.84	18	95.6	
H_2SO_4(稀)	1.18	3	24.8	将18mol/L H_2SO_4 167mL 稀释至1L
H_2SO_4(稀)		1	9.25	将18mol/L H_2SO_4 55mL 稀释至1L
硝酸				
HNO_3(浓)	1.42	16	69.80	将16mol/L HNO_3 375mL 稀释至1L
HNO_3(稀)	1.20	6	32.36	将16mol/L HNO_3 125mL 稀释至1L
HNO_3(稀)		2	12	
磷酸				
H_3PO_4(浓)	1.7	15	85	
H_3PO_4(稀)	1.15	3	25.57	将15mol/L H_3PO_4 205mL 稀释至1L
冰醋酸	1.05	17	99.5	
稀醋酸		2	12.10	将116mL 冰醋酸稀释至1L

二、碱溶液

名称及化学式	密度/(g/mL)	物质的量浓度/(mol/L)	质量分数/%	配 制 方 法
氢氧化钠				
NaOH(浓)	1.43	14	40	将 NaOH 527g 以少量水溶解后，稀释至1L
NaOH	1.215	6	19.6	将 NaOH 240g 以少量水溶解后，稀释至1L
NaOH(稀)	1.08	2	7.4	将 NaOH 80g 以少量水溶解后，稀释至1L

名称及化学式	密度 /(g/mL)	物质的量浓度 /(mol/L)	质量分数 /%	配 制 方 法
氨水				
NH₃·H₂O	0.90	15	28	
NH₃·H₂O	0.96	6	11	将15mol/L氨水400mL加水稀释至1L
NH₃·H₂O(稀)	0.98	2	3.5	将15mol/L氨水133mL加水稀释至1L
氢氧化钡				
Ba(OH)₂		0.2		饱和溶液[约含Ba(OH)₂·8H₂O 63g/L]

附录4 常用指示剂的配制

一、酸碱指示剂（18~25℃）

指示剂名称	变色pH范围	颜色变化	溶液配制方法
甲基紫（第一变色范围）	0.13~0.5	黄~绿	1g/L或0.5g/L的水溶液
甲酚红（第一变色范围）	0.2~1.8	红~黄	0.04g指示剂溶于100mL 50%乙醇
甲基紫（第二变色范围）	1.0~1.5	绿~蓝	1g/L水溶液
百里酚蓝（麝香草酚蓝）（第一变色范围）	1.2~2.8	红~黄	1g指示剂溶于100mL 20%乙醇
甲基紫（第三变色范围）	2.0~3.0	蓝~紫	1g/L水溶液
甲基橙	3.1~4.4	红~黄	1g/L水溶液
溴酚蓝	3.0~4.6	黄~蓝	1g指示剂溶于100mL 20%乙醇
刚果红	3.0~5.2	蓝紫~红	1g/L水溶液
溴甲酚蓝	3.8~5.4	黄~蓝	0.1g指示剂溶于100mL 20%乙醇
甲基红	4.4~6.2	红~黄	0.1g或0.2g指示剂溶于100mL 60%乙醇
溴酚红	5.0~6.8	黄~红	0.1g或0.04g指示剂溶于100mL 20%乙醇
溴百里酚蓝	6.0~7.6	黄~蓝	0.05g指示剂溶于100mL 20%乙醇
中性红	6.8~8.0	红~亮黄	0.1g指示剂溶于100mL 60%乙醇
酚红	6.8~8.0	黄~红	0.1g指示剂溶于100mL 20%乙醇
甲酚红	7.2~8.8	亮黄~紫红	0.1g指示剂溶于100mL 50%乙醇
百里酚蓝（麝香草酚蓝）（第二变色范围）	8.0~9.0	黄~蓝	1g指示剂溶于100mL 20%乙醇
酚酞	8.0~9.6	无色~紫红	0.1g指示剂溶于100mL 60%乙醇
百里酚酞	9.4~10.6	无色~蓝	0.1g指示剂溶于100mL 90%乙醇

二、酸碱混合指示剂

指示剂溶液的组成	变色点pH	颜色 酸色	颜色 碱色	备 注
三份1g/L溴甲酚绿酒精溶液 一份2g/L甲基红酒精溶液	5.1	酒红	绿	
一份2g/L甲基红酒精溶液 一份1g/L亚甲基蓝酒精溶液	5.4	红紫	绿	pH 5.2红绿 pH 5.4暗蓝 pH 5.6绿
一份1g/L溴甲酚绿钠盐水溶液 一份1g/L绿酚红钠盐水溶液	6.1	黄绿	蓝紫	pH 5.4蓝绿 pH 5.8蓝 pH 6.2蓝紫
一份1g/L中性红酒精溶液 一份1g/L亚甲基蓝酒精溶液	7.0	蓝紫	绿	pH 7.0蓝紫
一份1g/L溴百里酚蓝钠盐水溶液 一份1g/L酚红钠盐水溶液	7.5	黄	绿	pH 7.2暗绿 pH 7.4淡紫 pH 7.6深紫
一份1g/L甲酚红钠盐水溶液 一份1g/L百里酚蓝钠盐水溶液	8.3	黄	紫	pH 8.2玫瑰色 pH 8.4紫色

附录5 常用缓冲溶液的配制

缓冲溶液组成	pK$_a$	缓冲液 pH	配 制 方 法
氨基乙酸-HCl	2.35(pK$_{a1}$)	2.3	取氨基乙酸 150g 溶于 500mL 水中后,加浓 HCl 80mL,水稀释至 1L
H$_3$PO$_4$-柠檬酸盐		2.5	取 Na$_2$HPO$_4$ · 12H$_2$O 113g 溶于 200mL 水后,加柠檬酸 387g,溶解,过滤后,稀释至 1L
一氯乙酸-NaOH	2.86	2.8	取 200g 一氯乙酸溶于 200mL 水中,加 NaOH 40g,溶解后,稀释至 1L
邻苯二甲酸氢钾-HCl	2.95(pK$_{a1}$)	2.9	取 500g 邻苯二甲酸氢钾溶于 500mL 水中,加浓 HCl 80mL,稀释至 1L
甲酸-NaOH	3.76	3.7	取 95g 甲酸和 NaOH 40g 于 500mL 水中,溶解,稀释至 1L
NaAc-HAc	4.74	4.7	取无水 NaAc 83g 溶于水中,加冰醋酸 60mL,稀释至 1L
六亚甲基四胺-HCl	5.15	5.4	取六亚甲基四胺 40g 溶于 200mL 水中,加浓 HCl 10mL,稀释至 1L
Tris-HC[三羟甲基氨甲烷 CNH$_2$(HOCH$_3$)]	8.21	8.2	取三羟甲基氨甲烷 25g 溶于水中,加浓 HCl 8mL,稀释至 1L
NH$_3$-NH$_4$Cl	9.26	9.2	取 NH$_4$Cl 54g 溶于水中,加浓氨水 63mL,稀释至 1L

附录6 定量分析实验仪器清单

名 称	规 格	数 量	名 称	规 格	数 量
酸式滴定管	25mL 或 50mL	1 支	试剂瓶	500mL	2个(其中一个为棕色)
碱式滴定管	25mL 或 50mL	1 支		250mL	2个(其中一个为棕色)
移液管	20mL	1 支	锥形瓶	250mL	3个
	500mL	1个	表面皿	直径为 12cm 或 15cm	2片
烧杯	250mL	2个	瓷坩埚	18mL	2个
	100mL	2个	洗瓶	500mL	1个
量筒	50mL	1个	玻璃棒	15~18cm	3~4根
	10mL	1个	滴管	带橡皮乳头	2个
	500mL	1个	石棉网	15cm×15cm	1个
容量瓶	250mL	1个	洗耳球	60mL	1个
	100mL	1个	漏斗	长颈	2个

注:表中所示为发给学生的仪器。

附录7 化学实验中常用的仪器介绍

仪器名称	规 格	用 途	注意事项
试管　离心试管	玻璃质。分硬质和软质,普通试管无刻度,以管口外径(mm)×管长(mm)表示。有 12mm × 150mm、15mm×100mm、30mm×200mm 等规格,离心试管以容积(mL)表示,有 5mL、10mL、15mL 等规格	用于少量试剂的反应器,便于操作和观察。也可用于少量气体的收集。离心试管主要用于少量沉淀与溶液的分离	普通试管可直接用火加热,硬质试管可加热至高温,加热时要用试管夹夹持。加热后不能骤冷,反应液一般不超过试管容积的 1/2,加热时不能超过 1/3,加热时要不停地摇荡。试管口不要对着别人和自己,以防发生意外
试管架	木质、铝质和塑料质等,有大小不同、形状各异的多种规格	盛放试管用	加热后的试管应以试管夹夹好悬放在架上,以防烫坏木、塑质架子

仪器名称	规　格	用　途	注意事项
试管夹	由木料、钢丝或塑料制成	夹持试管用	防止烧损或锈蚀
毛刷	用动物毛（或化学纤维）和铁丝制成。以大小和用途表示，如试管刷、滴定管刷等	洗刷玻璃仪器用	防止刷子顶端的铁丝损破玻璃仪器，顶端无毛者不能使用
烧杯	玻璃质。分硬质、软质；普通型、高型；有刻度和无刻度。规格以容量（mL）表示，1mL、5mL、10mL 为微型烧杯，其余为 25mL、50mL、100mL、200mL、250m、400mL、500mL、1000mL、2000mL 等	用作反应物量较多时的反应容器，可搅拌也可用作配制溶液时的容器，或简便水浴的盛水器	加热时外壁不能有水，要放在石棉网上，先放溶液后加热，加热后不可放在湿物上
药匙	用牛角或塑料制成	用来取固体（粉体或小颗粒）药品用	用前洗净
蒸馏烧瓶	玻璃质。规格以容量（mL）表示	用于液体蒸馏，也可用作少量气体的发生装置	加热时应放在石棉网上，加热前外壁应擦干，圆底烧瓶竖放桌上时，应垫以合适的器具，以防滚动、打坏
锥形瓶	玻璃质。规格以容量（mL）表示，常见有 125mL、250mL、500mL 等	用作反应容器，振荡方便，适用于滴定操作	加热时外壁不能有水，要放在石棉网上，加热后也要放在石棉网上。不要与湿物接触，不可干加热
容量瓶	玻璃质。以刻度以下的容积（mL）表示，有磨口瓶塞，也有配以塑料瓶塞，有 10mL、25mL、50mL、100mL、250mL、500mL、1000mL 等规格	用以配制标准浓度一定体积的溶液	不能加热，不能用毛刷洗刷瓶的磨口，与瓶塞配套使用，不能互换

仪器名称	规 格	用 途	注意事项
量筒	玻璃质。规格以刻度所能量度的最大容积（mL）表示。有 5mL、10mL、25mL、50mL、100mL、200mL、500mL、1000mL 等规格。上口大，下端小的称为量杯	用以量度一定体积的溶液	不能加热，不能量热的液体，不能用作反应器
长颈漏斗 漏斗	化学实验室使用的一般为玻璃质或塑料质。规格以口径大小表示	用于过滤等操作，长颈漏斗特别适用于定量分析中的过滤操作	不能用火加热
漏斗架	木制或塑料制	过滤时用于放置漏斗	固定漏斗板时，不要把它倒放
吸滤瓶 布氏漏斗	布氏漏斗为瓷质，规格以容量（mL）和口径大小表示。吸滤瓶为玻璃质。以容量（mL）大小表示，有 250mL、500mL、1000mL 等	两者配套，用于沉淀的减压过滤（利用水泵或真空泵降低吸滤瓶中的压力而加速过滤）	滤纸要略小于漏斗的内径才能贴紧。要先将滤饼取出再停泵，以防滤液回流。不能用火直接加热
分液漏斗	玻璃质，规格以容积（mL）大小和形状（球形、梨形、筒形、锥形）表示	用于互不相溶的液体液-液分离。也可用于少量气体发生器装置中的加液器	不能用火直接加热，漏斗塞子不能互换。活塞处不能漏液
微孔玻璃漏斗	又称烧结漏斗、细菌漏斗、微孔漏斗。漏斗为玻璃质。砂芯滤板为烧结陶瓷。其规格以砂芯板孔的平均孔径（μm）和漏斗的容积（mL）表示	用于细颗粒沉淀，以至细菌的分离。也可用于气体洗涤和扩散实验	不能用于 HF、浓碱液和活性炭等物质的分离，不能直接用火加热。用后应及时洗净
表面皿	玻璃质。规格以口径（mm）大小表示	盖在烧杯上，防止液体迸溅或其他用途	不能用火直接加热表面皿

仪器名称	规　格	用　途	注意事项
蒸发皿	瓷质,也有玻璃、石英、金属制的。规格以口径(mm)或容量(mL)表示	蒸发、浓缩用。随液体性质不同选用不同材质的蒸发皿	瓷质蒸发皿加热前应擦干外壁,加热后不能骤冷,溶液不能超过 2/3,可直接用火加热蒸发皿
坩埚	有瓷、石英、铁、镍、铂及玛瑙等质,规格以容积(mL)表示	用于灼烧固体用。随固体性质不同选用不同的坩埚	可直接用火加热至高温,加热至灼热的坩埚应放在石棉网上,不能骤冷
称量瓶	玻璃质。规格以外径(mm)×高(mm)表示,分"扁型"和"高型"两种	准确称取一定量的固体样品用	不能用火直接加热,瓶和塞是配套的,不能互换使用
泥三角	用铁丝拧成,套以瓷管。有大小之分	加热时,坩埚或蒸发皿放在其上直接用火加热	铁丝断了不能再用。灼烧后的泥三角应放在石棉网(板)上
石棉网	由细铁丝编成,中间涂有石棉。规格以铁网边长(cm)表示,如 16cm×16cm、23cm×23cm 等	放在受热仪器和热源之间,使受热均匀缓和	用时检查石棉是否完好,石棉脱落者不能用。不能和水接触,不能折石棉网
三脚架	铁质。有大小、高低之分	放置较大或较重的加热容器,作石棉网及仪器的支承物	要放平稳
研钵	用瓷、玻璃、玛瑙或金属制成。规格以口径(mm)表示	用于研磨固体物质及固体物质的混合。按固体物质的性质和硬度选用	不能用火直接加热,研磨时不能捣碎,只能碾压。不能研磨易爆炸物质
点滴板	瓷质。透明玻璃质,分白釉和黑釉两种。按凹穴多少分为四穴、六穴和十二穴等	用于生成少量沉淀或带色物质反应的实验,根据颜色的不同选用不同的点滴板	不能用于含 HF 和浓碱的反应,用后要洗净点滴板

仪器名称	规格	用途	注意事项
洗瓶	塑料和玻璃质,规格以容积(mL)表示。一般为250mL、500mL	装蒸馏水或去离子水用。用于挤出少量水洗沉淀或仪器用	不能漏气,远离火源
吸量管　移液管	玻璃质。以容积(mL)大小表示,有1mL、2mL、5mL、10mL、25mL、50mL等规格。精密度,如50mL一般约为0.2%	用以较精确移取一定体积的溶液	不能加热或移取热溶液,管口无"吹出"者,使用时末端的溶液不容许吹出
酸式滴定管　碱式滴定管	玻璃质。规格以容积(mL)表示。有酸式、碱式之分。酸式下端以玻璃旋塞控制流出液速度,碱式下端连接一里面装有玻璃球的乳胶管来控制流液量	用以较精确移取一定体积的溶液	不能加热及量取较热的液体,使用前应排除其尖端气泡,并检漏。酸、碱式不可互换使用
滴瓶　细口瓶　广口瓶	玻璃质,带磨口塞或滴管,有无色或棕色,规格以容积(mL)大小表示	滴瓶、细口瓶用以存放液体药品。广口瓶用于存放固体药品	不能直接加热,瓶塞配套,不能互换,存放碱液时要用橡皮塞,以防打不开
水浴锅	铜质或铝质	用于间接加热,也用于控温实验	加热时,注意锅内水不可烧干,用完后将水倒掉,擦干,以防腐蚀
干燥器	玻璃质。规格以外径(mm)大小表示,分普通干燥器和真空干燥器	内放干燥剂,可保持样品或产物的干燥	防止盖子滑动打碎。灼热的样品待稍冷后再放入
吸管　玻璃棒	滴管(或吸管)由玻璃尖管和胶皮帽组成	玻璃棒搅拌用。滴管吸取少量溶液用	胶帽坏了要及时更换,防止掉地摔坏

仪器名称	规　格	用　途	注意事项
坩埚钳	铁质。有大小不同规格	夹持热的坩埚、蒸发皿用	防止与酸性溶液接触，生锈，轴不灵活
单爪夹　铁圈　铁架台	铁质	固定玻璃仪器用	
多用滴管	塑料质。容量4mL、8mL，径管直径分别为2.5mm、6.3mm，径管长度分别为153mm、150mm	微型实验中用作滴液试剂瓶或反应器等	
井穴板	塑料质。有6孔、9孔、12孔和24孔等	微型实验中用作反应器	不能直接用火加热。不能盛装可与之反应的有机物
吸滤瓶　玻璃漏斗	玻璃质。磨口口径/容量为10mm/10mL	用于常压或减压过滤	
三口烧瓶	100mL、150mL、250mL、500mL等	用作反应器	
圆底烧瓶	玻璃质。有普通型、标准磨口型，有圆底、平底之分，规格以容量（mL）表示。磨口烧瓶是以标号表示其口径的大小的，如10、14、19等	用作反应器或蒸馏装置	加热时应放在石棉网上，加热前外壁应擦干，圆底烧瓶竖放桌上时，应垫以合适的器具，以防滚动、打坏
克氏蒸馏头		用于减压蒸馏装置	

仪 器 名 称	规　　格	用　　途	注 意 事 项
梨形烧瓶		用作反应器或常压蒸馏接收器	不可用于减压蒸馏
大小接头	口径分别为 24、19 或 19、24 或 19、14	用于反应器中的连接	
蒸馏头	口径分别为 19、19、14	用于蒸馏装置	
直空接液管	口径分别为 19、19	用于减压蒸馏装置	
多头接液管	口径 19、14、14、14	用于减压蒸馏装置	连接处须涂抹真空油脂
干燥管	口径 19	用于无水反应装置	
蒸馏弯头	口径 24,19 或 19,19	用于蒸馏装置	
Y形管	口径 19、19、14 或 19、14、14 等	用于反应装置或减压蒸馏装置	

仪器名称	规 格	用 途	注意事项
温度计套管	口径 19 或 14	用于反应液温度的测量	
搅拌器套管	口径 24 或 19	用于电动搅拌器搅拌棒的安装	
直形冷凝管	口径 19、19	用于蒸馏装置	仅用于沸点为 130℃ 以下液体的蒸馏
球形冷凝管	口径 19、19	用于回流反应装置	
空气冷凝管	口径 19、19	用于蒸馏装置	仅用于沸点为 130℃ 以上液体的蒸馏

参 考 文 献

[1] 金学平 . 药物化学实验与实训 . 北京：化学工业出版社，2010.

[2] 朱权 . 化学基础实验实训 . 北京：化学工业出版社，2009.

[3] 谢庆娟 . 分析化学 . 北京：人民卫生出版社，2009.

[4] 胡伟光 . 定量化学分析实验 . 第 2 版 . 北京：化学工业出版社，2008.

[5] 孙毓庆 . 分析化学 . 北京：人民卫生出版社，1998.